可编程自动化控制器技术应用教程
(GE PAC RX3i)

主　编　祁　锋
副主编　张晓丹　英　璐

华中科技大学出版社
中国·武汉

图书在版编目(CIP)数据

可编程自动化控制器技术应用教程:GE PAC RX3i/祁锋主编. —武汉:华中科技大学出版社,2017.2(2024.8重印)
ISBN 978-7-5680-2248-4

Ⅰ.①可… Ⅱ.①祁… Ⅲ.①可编程序控制器-高等学校-教材 Ⅳ.①TM571.61

中国版本图书馆CIP数据核字(2016)第243486号

可编程自动化控制器技术应用教程(GE PAC RX3i)　　祁　锋　主编
Kebiancheng Zidonghua Kongzhiqi Jishu Yingyong Jiaocheng(GE PAC RX3i)

策划编辑:袁　冲
责任编辑:史永霞
封面设计:原色设计
责任监印:朱　玢
出版发行:华中科技大学出版社(中国·武汉)　　电话:(027)81321913
武汉市东湖新技术开发区华工科技园　　邮编:430223
录　　排:武汉匠心天下文化发展有限公司
印　　刷:武汉邮科印务有限公司
开　　本:787mm×1092mm　1/16
印　　张:9.5
字　　数:239千字
版　　次:2024年8月第1版第5次印刷
定　　价:24.00元

第1篇　基础知识篇

第2篇 项目应用篇

1

第1篇

基础知识篇

第1章 PAC、PLC基础知识

1.1 PAC基础知识

1.1.1 PAC概述

1. PAC的概念

PAC(可编程自动化控制器)的概念是由ARC顾问集团的高级研究员Craig Resnick提出的,在谈到创造这个新名词的意义时,他说:“PLC在市场上相当活跃,而且发展良好,具有很强的生命力。同时,PLC也在许多方面不断改变,不断增加其魅力。自动化供应商正不断致力于PLC的开发,以迎合市场与用户的需求。功能的增强促使新一代系统浮出水面。PAC基于开放的工业标准,具有多领域功能、通用的开放平台以及高性能。ARC顾问集团创造了这个词,以帮助用户定义应用需要,帮助制造商在谈到其产品时能更清晰地表达。”

PAC控制引擎集中涵盖了PLC用户的多种需要及制造业厂商对信息的需求。PAC包括PLC的主要功能和扩大的控制能力,以及PC-based控制中基于对象的、开放数据格式和网络连接等功能。PAC的基本要求如下:

◆ 多域功能(逻辑、运动、驱动和过程)——这个概念支持多种I/O类型,逻辑、运动和其他功能的集成是复杂控制方法的要求;

◆ 单一的多学科开发平台——单一的开发环境必须能支持各种I/O和控制方案;

◆ 用于设计贯穿多个机器或处理单元的应用程序的软件工具——这个软件工具必须能适应分布式操作;

◆ 一组de facto网络和语言标准——这个技术必须利用高投入技术;

◆ 开放式、模块化体系结构——设计和技术标准与规范必须是在实现中开放的、模块化的和可结合的。

PAC与PLC的区别:虽然PAC的形式与传统PLC的形式很相似,但性能却广泛、全面得多。PAC是一种多功能控制器平台,它包含多种用户可按照自己意愿组合、搭配和实施的技术和产品;与其相反,PLC是一种基于专有架构的产品,仅仅具备了制造商认为必要的性能。

PAC与PLC最根本的不同在于它们的基础不同。PLC性能依赖于专用硬件,应用程序的执行是依靠专用硬件芯片实现的,硬件的非通用性会导致系统的功能前景和开放性受到限制,由于是专用操作系统,其实时可靠性与功能都无法与通用实时操作系统相比,这样导致了PLC整体性能的专用性和封闭性。

PAC的性能是基于其轻便控制引擎,标准、通用、开放的实时操作系统,嵌入式硬件系统设计以及背板总线。

PLC的用户应用程序执行是通过硬件实现的，而PAC设计了一个通用、软件形式的控制引擎用于应用程序的执行，控制引擎位于实时操作系统与应用程序之间，这个控制引擎与硬件平台无关，可在不同平台的PAC系统间移植。因此对于用户来说，同样的应用程序不需修改即可下载到不同PAC硬件系统中，用户只需根据系统功能需求和投资预算选择不同性能的PAC平台。虽然用户的需求迅速变化，但用户系统和程序无须变化，即可无缝移植。作为可利用先进计算机技术的高性能控制系统，PAC与PC Control有着本质的区别。

PAC使用实时操作系统，所有系统硬/软件功能控制由控制引擎和应用程序负责，是实时、确定性的控制系统。

PC Control使用普通商业操作系统，系统控制功能属于操作系统任务的一部分，所有系统硬/软件功能控制属于操作系统的一部分，属于非实时、非确定性的控制系统。

2. PAC的优点

PAC控制解决方案，其优点如下。

(1) 提高生产率和操作效率：一个通用轻便控制引擎和综合工程开发平台允许快速地开发、实施和迁移；且它的开放性和灵活性确保了控制、操作企业级业务系统的无缝集成，优化了工厂流程。

(2) 降低操作成本：使用通用、标准架构和网络，降低了操作成本，让工程师能为一个体现成本效益、使用现货供应的平台选择不同系统部件，而不是专有产品和技术；只要求用户在一种统一平台上和开发环境中培训，而不是几种；且为用户提供了一个无缝迁移路径，保护了用户在I/O和应用开发方面的投资。

(3) 使用户对其控制系统拥有更多控制力：使用户拥有更多灵活性来选择适合每种特殊应用的硬件和编程语言，以他们自己的时间表来规划升级，并且可在任何地方设计、制造产品。

3. PLC的弱势

虽然PLC业界已经注意到了PLC发展的这一趋势，并通过将PC技术应用于PLC产品，直接提供OPC Server、WEB Server及IEEE标准通信接口等，以提供更高的应用灵活性。但是，受限于传统PLC专属式的设计，其互操作性和灵活性限制(即使是对于同一品牌的PLC来说，也是这样)，并不能完全满足用户的要求：

◆ 传统的PLC不能提供主动的事件通知功能，系统的集中监视管理有赖于服务器主机的主动定时查询；

◆ 因为在实时信息上的欠缺，要实现跨PLC的事件处理比较困难，且速度延迟，效果不佳；

◆ 无法提供本地直接处理的预约控制，预约控制完全有赖于服务器主机的集中处理；

◆ 系统的建构由于采用了不同供应商的多种平台，为整合各种不同的专用总线，系统之衔接有赖于第三方提供的OPC Server或Gateway，故其实施并不是一件轻松和容易的事情；

◆ 系统升级必须付出重新设计的成本和时间，其不可预见成本太高；

◆ 梯形图程序的设计是基于个案进行的，每一个案均无法完全复制应用，无法实现标准化，从而工程设计费用无法降低；

◆ 现行自动化系统的数据容量太小，在适应新的应用需求时显得力不从心；

◆ 无法实现实时同步远程的数据传输，与PDA、手机的连接比较困难；

◆ 需要通过 PC 或第三方设备来实现基于 Web 的远程数据发布。

4. PAC 的特征

用户可以根据系统的需要,组合和搭配相关的技术和产品以实现功能的侧重,因为基于同一发展平台进行开发,所以采用 PAC 系统保证了控制系统各功能模块具有统一性,而不仅是一个完全无关的部件拼凑成的集合体。

综合业界专家的意见,所谓 PAC 系统应该具备以下一些主要的特征:

◆ 提供通用发展平台和单一数据库,以满足多领域自动化系统设计和集成的需求;

◆ 一个轻便的控制引擎,可以实现多领域的功能,包括逻辑控制、过程控制、运动控制和人机界面等;

◆ 允许用户根据系统实施的要求在同一平台上运行多个不同功能的应用程序,并根据控制系统的设计要求,在各程序间进行系统资源的分配;

◆ 采用开放的模块化的硬件架构以实现不同功能的自由组合与搭配,减少系统升级带来的开销;

◆ 支持 IEC61158 现场总线规范,可以实现基于现场总线的高度分散性的工厂自动化环境;

◆ 支持事实上的工业以太网标准,可以与工厂的 EMS、ERP 系统轻易集成;

◆ 使用既定的网络协议程序语言标准来保障用户的投资及多供应商网络的数据交换。

5. PAC 市场

PAC 概念提出后得到 GE Fanuc 公司的积极响应,GE Fanuc 公司陆续发布了其 PACSystems 系列产品 RX3i 与 RX7i。北美的 PLC 主导厂商 Rockwell Automation 于 2003 年 11 月宣布其 ControlLogix 和 CompactLogix PLC 事实上就是 PAC。另外,NI、台湾泓格等公司相继推出各自的 PAC 系统。

中国市场对于 PAC 系统表现出了很强的接受能力。

◆ 仅在 2004 年第一季度,GE Fanuc 就宣布其 PAC 系统在中国的订单超过 200 套。其 PACSystems 系列产品在 GE Fanuc 产品结构中占据了很重要的位置,它的市场份额逐年扩大。

◆ 从 Rockwell 公司发布的数据我们可以看到,目前中国已成为 ControlLogix 系统的全球第二大市场。

◆ 研华公司的 ADAM-5000、ADAM-6000 等 PAC 产品目前的市场份额在逐年上升。

◆ 泓格科技产品 WinCon-8000 基于 32 位 RISC 处理器与实时操作系统(RTOS)及其 CANopen/DevicNet 解决方案,掀起了中国工控领域的一轮 PAC 旋风。

6. PAC 产品技术性能

◆ GE Fanuc 公司的 PACSystems RX3i/7i 的 CPU 采用了 Pentium Ⅲ 300/700MHz 处理器,操作系统为 WindRiver 的 Vx Works,RX3i 为 VME64 总线,RX7i 为 CompactPCI 总线。

◆ NI 公司的 Compact FieldPoint 的 CPU 升级到 Pentium Ⅳ-M 2.5GHz 处理器,其特色在于整合了测试测量领域中应用非常广泛的开发平台 LabView。

◆ Beckhoff 公司的 CX1000 的 CPU 为 Pentium MMX 266MHz 处理器,操作系统为 Windows CE .NET 或 Embedded Windows XP。

◆ ICP DAS 泓格科技的 WinCon/LinCon 的 CPU 为 StrongRAM 206MHz 处理器,

WinCon 的操作系统为 Windows CE .net；LinCon 的操作系统为 Embedded Linux。

7. PAC 系统的关键技术

PAC 的产生受益于近年来在嵌入式系统领域的发展与进步。在硬件方面，有重大意义的事件包括嵌入式硬件系统设计（其中具有代表意义的是 CPU 技术的发展）、现场总线技术的发展、工业以太网的广泛应用；在软件方面则包括嵌入式实时操作系统、软逻辑编程技术、嵌入式组态软件的发展等。分别说明如下：

◆ 跟随摩尔定律的发展，最新的高性能 CPU 在获得更高的处理能力的同时，其体积更小、功耗更低，从而在出众的计算能力以及工业用户最为关心的稳定性和可靠性方面获得平衡，使制造厂商有可能去选择通用的标准的嵌入式系统结构进行设计，摆脱传统 PLC 因采用专有的硬件结构体系带来的局限，使系统具备更为丰富的功能前景和开放性。在现有面世的 PAC 系统中，被广泛采用的是低功耗、高性能的 SOC（System On Chip）核心处理器。这里面既有采用 CISC 架构的 CPU，如 Mobile Pentium 系列 CPU，也有采用 RISC 架构的 CPU，如 ARM 系列、SHx 系列等，当然也有使用 MIPS CPU 的。综合比较而言，由于 RISC CPU 在应用于工业控制系统时所具备的综合优势，采用 RISC CPU 的系统占据了目前市场所供应的控制系统的多数。

◆ 经过 14 年的纷争，最后 IEC 的现场总线标准化组织经投票，接纳了 8 种现场总线成为 IEC61158 现场总线标准。IEC61158 现场总线标准的尘埃落定，使得工业控制在设备层和传感器层有了可以遵循的标准。但是由于这 8 种现场总线采用的通信协议完全不同，因此，要实现这些总线的兼容和互操作是十分困难的。其可能的出路是采用通用的国际标准 Ethernet、TCP/IP 等协议，并使其符合工业应用的要求，而且这种方案最容易被用户、集成商、OEM 及制造商接受。

◆ 通用的嵌入式实时操作系统获得了长足的发展，并获得了广泛的应用。传统的美国风河公司的 Vx Works、PSOS 操作系统在高端领域拥有很高的占有率；另一引人注目的趋势是微软公司的 Windows CE 在推出.net 版本以后，有效解决了硬实时的问题，并以其低廉的价格和广泛的客户群获得了用户的青睐；作为开放源代码的代表，Linux 操作系统推出了其嵌入式版本，并以其在成本、开放性、安全性上的优势，获得一些特殊应用客户及中小制造商的欢迎。

◆ 符合 IEC61131-3 标准的软逻辑编程语言的发展，有效地整合了传统 PLC 在编程技术上的积累，使广大的机电工程师可以在基于 PC 的系统上使用其熟悉的编程方式实现其控制逻辑。在 PAC 系统上，工程师可以使用高阶语言实现复杂的算法或通信编程，例如 EVC、VC＃、JAVA 等。

◆ 在人机界面的部分，一些软逻辑开发工具同时提供 HMI 开发套件，例如 ISaGRAF、MicroTrace Mode、KW MultiProg 等。如果有更进一步的需求，一些专业的 SCADA/HMI 软件厂商提供针对嵌入式系统开发的套装软件，例如亚控公司的嵌入版 KingView、InduSoft 等。

在可以预见的几年内，标准性、开放性、可互操作性、可移植性将是用户更为关心的自动化产品的重要特征，而融汇了 IPC 和 PLC 的优点的 PAC 系统有明显的优势。

1.1.2 PAC 的特点

当 Internet 处于起步阶段时，基于 PC 的仪器还没有出现，而 PLC 就占领了整个自动化领域。即使是今天,那些使用数字I/O进行简单控制的工程师虽然感到PLC是他们最好的选择,但如果考虑到要使PLC增加视觉、运动、仪器和分析功能等全方位的自动化领域,那只有新一代可编程自动化控制器(PAC,programmable automation controller)才有可能会逐渐占领。这是当今设计与建立控制系统发展的需要。

众所周知,设计与建立控制系统时,工程师总是希望能使用比较少的设备来实现更多的功能。当今,他们需要的控制系统不仅能处理数字I/O和运动,而且还可以集成用于自动化监控和测试的视觉功能和模块化仪器,同时还必须能实时地处理控制算法和分析任务,并把数据传送回企业。也就是说,工程师希望同时拥有PC的功能和PLC(可编程控制器)的可靠性,而可编程自动化控制器(PAC)就是这样的平台,它能结合PC和PLC两者的优势,提供开放的工业标准、可扩展的领域功能、一个通用的开发平台和一些高级性能,是工业自动化领域中比较完善的新兴控制器。

PAC是新一代的PLC,其优势可概括为以下五点。

◆ 多种功能:在一个平台上至少有两个功能(逻辑、运动、PID控制、驱动和处理)。

◆ 单一的多规程功能开发平台:采用通用的标记和单个数据库来访问所有的参数和功能。

◆ 软件工具允许通过多台机器或处理单元处理流程来进行设计,可以结合IEC61131-3、用户手册和数据管理。

◆ 开放的模块化结构:反映了从工厂机器布置到加工车间中单元操作的工业应用。

◆ 采用实际标准的网络接口、语言等,如TCP/IP、OPC、XML和SQL查询。

PAC能增加所需的PC功能以用于高级控制、实时分析或连接企业数据库,而且保持了PLC的可靠性。如果不仅需要集成数字I/O和运动控制,而且需要更快的计算机处理能力的话,PAC可能是非常好的选择。因此,PAC正慢慢占领自动化领域,并将在当今和未来的工厂自动化中发挥重要的作用。

1.1.3 PAC及PLC在工厂中的作用

PAC自问世以来就与工厂自动化技术的发展密不可分,工厂自动化技术的发展促进了PAC的革新,同时又给工厂自动化技术的发展提供了新的思路。工厂自动化控制系统综合智能决策技术、信息处理技术、高可靠性通信技术、智能检测与处理技术,一般可分为三个层次,即企业资源规划(ERP)层、制造执行系统(MES)层与过程控制系统(PCS)层。企业资源规划层负责制订生产计划、协调安排生产资源,制造执行系统层负责实施生产管理与质量控制,过程控制系统层负责实现逻辑、闭环和过程控制等。生产过程借助于MES进行集成与协调控制,通过工厂的信息管理系统(PMIS)、产品规范管理系统(PSMS)、物流管理系统、设备管理系统、实验室和化验室的信息管理系统、生产订单的管理系统以及详细的生产排程和生产运营记录系统,使得工厂的信息不仅具有很好的计划性,还能使计划得以实施,最终实现操作过程自动化,使生产更有序、更经济。这种集管理与现场控制于一体的自动化系统具有如下优势。

(1) 工厂规划管理层通过对现场设备的实时监控,能够很容易地获取现场信息,同时结合管理层的有关市场营销、仓储及财务等方面的信息,可以及时做出决策,再通过计算机网络下达到现场控制层。

(2) 分散型网络化生产系统采用敏捷制造原理,通过工厂自动化系统和规划管理层所提供的广域网接口，可以很方便地将距离甚远的大型工厂的分公司组织在一起，实现异地决策、异地设计和异地生产，这样就可以通过自动化工厂信息集成对企业实现高效益的生产管理。PAC技术的每一次跃进都能给工厂自动化技术的发展变革带来新的思路，工厂自动化的新发展同样也促使PAC技术变革以适应其需求。

PLC正是具有以下功能，才得以在工厂自动化领域大展拳脚。

(1) 开关量的逻辑控制。开关量的逻辑控制是PLC最基本、应用最广泛的功能。开关量逻辑控制是根据有关输入开关量的当前与历史的状况，产生所要求的开关量输出，使系统能按一定顺序工作，既可用于单台设备的控制，也可用于多机群控及自动化流水线。在开关量逻辑控制领域，至今还没有其他的控制器能够取代PLC。

(2) 模拟量的过程控制。在工业生产过程中，有许多连续变化的量，如温度、流量、液位等，称为模拟量。模拟量过程控制一般是指对连续变化的模拟量的闭环控制。过程控制的目的就是根据有关模拟量的当前与历史的输入状况，产生所要求的模拟量或开关量的输出，使系统能够按照一定的要求进行工作。PLC厂家一般都生产配套的A/D和D/A转换模块，使其PLC可用于模拟量控制。

(3) 运动控制。PLC既可用于直线运动控制，也可用于圆周运动控制。从控制机构配置来说，早期直接用于开关量I/O模块连接位置传感器和执行机构，现在一般使用专用的运动控制模块，如可驱动步进电机或伺服电机的单轴或多轴位置控制模块。世界上各主要PLC厂家的产品几乎都有运动控制功能，广泛用于各种机械、机床、机器人、电梯等场合。

(4) 过程控制。过程控制是指对模拟量的闭环控制。作为工业控制计算机，PLC能编制各种各样的控制算法程序，完成闭环控制。PID调节是一般闭环控制系统中用得较多的调节方法。大多数PLC都有PID功能模块。过程控制在冶金、化工、热处理、锅炉控制等场合有非常广泛的应用。

(5) 数据处理与通信。随着信息技术的发展和市场经济的需要，仅以实现生产过程自动控制为目的的工厂，其自动化远不能满足要求，这些工厂正在加强企业现代化管理，以提高企业总体经济效益。这就要求工厂自动化在实现生产过程自动化的基础上，进一步实现管理的现代化，从而需要一种既能满足生产过程控制要求，又能集企业管理、信息技术于一体的工厂自动化系统。这种需求促使PLC进行变革，现代PLC已具有数据处理与信息控制、通信及联网功能，这使得PLC在现代工厂自动化系统中的应用范围大大扩展。

① 数据处理与信息控制是指数据的采集、存储、变换、检索、传输等操作。随着技术的发展与进步，现代已具有数学运算(含矩阵运算、函数运算、逻辑运算)、数据传送、数据转换、排序、查表、位操作等功能，可以完成数据的采集、分析及处理。这些功能可以辅助实现工厂自动化系统监控层及决策层的数据查询、决策参考等功能，是企业信息化的基础技术。

② 通信及联网。网络通信与远程控制是指对系统的远程部分的行为及其效果实施检测与控制。现代大型工厂自动化系统一般都采用分散型结构，其决策、设计及制造可能需要远程实现，PLC的以太网通信功能正满足了这种需求。PLC不仅能实现以太网通信，同样可以实现与多种现场总线的通信，这使得PLC可以横贯工厂自动化系统的三个层次，实现透明决策。

图1-1-1所示为PLC在工厂自动化中的作用。

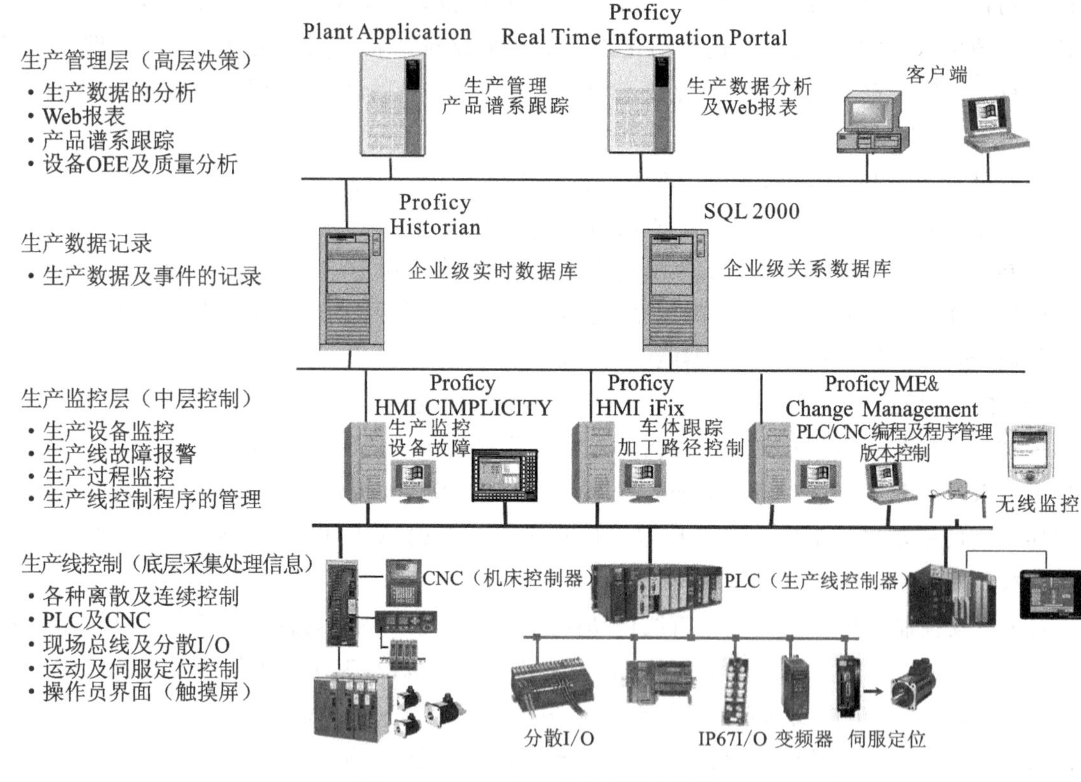

图 1-1-1 PLC 在工厂自动化中的作用

1.2 PLC 基础知识

1.2.1 PLC 的产生

在 20 世纪 60 年代，汽车生产流水线的自动控制系统基本上都是由继电器控制装置构成的。当时汽车的每一次改型都直接导致继电器控制装置的重新设计和安装。随着生产的发展，汽车型号更新的周期愈来愈短，这样继电器控制装置就需要经常地重新设计和安装，十分费时、费工、费料，甚至阻碍了更新周期的缩短。为了改变这一现状，美国通用汽车公司在 1969 年公开招标，要求用新的控制装置取代继电器控制装置，并提出了十项招标指标：

(1) 编程方便，现场可修改程序；

(2) 维修方便，采用模块化结构；

(3) 可靠性高于继电器控制装置；

(4) 体积小于继电器控制装置；

(5) 数据可直接送入管理计算机；

(6) 成本可与继电器控制装置竞争；

(7) 输入可以是交流电 115V；

(8) 输出为交流电 115V，2A 以上，能直接驱动电磁阀、接触器等；

(9) 在扩展时，原系统只要很小变更；

(10) 用户程序的存储器容量至少能扩展到 4KB。

1969 年，美国数字设备公司(DEC) 研制出第一台 PLC，在美国通用汽车自动装配线上试用并获得了成功。

这种新型的工业控制装置以其简单易懂、操作方便、可靠性高、通用灵活、体积小、使用寿命长等一系列优点，很快在美国其他工业领域推广应用，到 1971 年，它已经成功地应用于食品、冶金、造纸等工业。

这一新型工业控制装置的出现受到了世界其他国家的高度重视。1971 年日本从美国引进了这项新技术，很快研制出了日本第一台 PLC。1973 年，西欧国家研制出它们的第一台 PLC。我国从 1974 年开始研制，于 1977 年开始将 PLC 应用于工业。

1.2.2 PLC 的发展历史

虽然 PLC 问世时间不长，但是随着微处理器的出现，大规模、超大规模集成电路技术的迅速发展和数据通信技术的不断进步，PLC 也迅速发展，其发展过程大致可分为以下三个阶段。

1. 早期的 PLC(20 世纪 60 年代末—20 世纪 70 年代中期)

早期的 PLC 一般称为可编程逻辑控制器。这时的 PLC 有继电器控制装置的替代物的含义，其主要功能只是执行原先由继电器完成的顺序控制、定时等。它在硬件上以准计算机的形式出现，在 I/O 接口电路上做了改进以适应工业控制现场的要求。装置中的器件主要采用分立元件和中小规模集成电路，存储器采用磁芯存储器。另外，还采取了一些措施以提高其抗干扰的能力。在软件编程上，采用广大电气工程技术人员所熟悉的继电器控制线路的方式——梯形图。因此，早期的 PLC 的性能要优于继电器控制装置，其优点包括简单易懂、便于安装、体积小、能耗低、有故障指示、能重复使用等。其中，PLC 特有的编程语言梯形图一直沿用至今。

2. 中期的 PLC(20 世纪 70 年代中期—20 世纪 80 年代中后期)

在 20 世纪 70 年代，微处理器的出现使 PLC 发生了巨大的变化。美国、日本、德国等一些厂家先后开始采用微处理器作为 PLC 的中央处理单元(CPU)，这使 PLC 的功能大大增强。在软件方面，除了保持其原有的逻辑运算、计时、计数等功能以外，还增加了算术运算、数据处理和传送、通信、自诊断等功能；在硬件方面，除了保持其原有的开关量模块以外，还增加了模拟量模块、远程 I/O 模块、各种特殊功能模块，并扩大了存储器的容量，使各种逻辑线圈的数量增加，提供了一定数量的数据寄存器，使 PLC 的应用范围不断扩大。

3. 近期的 PLC(20 世纪 80 年代中后期至今)

进入 20 世纪 80 年代中后期，由于超大规模集成电路技术的迅速发展，微处理器的市场价格大幅度下降，使得各种类型的 PLC 所采用的微处理器的档次普遍提高。而且，为了进一步提高 PLC 的处理速度，各制造厂商纷纷研制开发了专用逻辑处理芯片，这使得 PLC 软、硬件的功能发生了巨大变化。

1.2.3 PLC 的定义及名称演变

从可编程控制器的发展历史可知，可编程控制器功能不断变化，其名称演变经历了如下过程。

早期产品名称为“programmable logic controller”(可编程逻辑控制器)，简称 PLC，主要替代传统的继电器接触控制系统。

1975—1976 年，集成电路、计算机技术飞速发展，将 CPU 集成电路、存储器与控制器有机结合。随着微处理器技术的发展，可编程控制器的功能不断增加，“可编程逻辑控制器”这一名称已不能描述其多功能的特点。1980 年，美国电气制造商协会(NEMA，National Electrical

Manufacturers Association)给它取了一个新的名称——"programmable controller",简称 PC。

1982 年,国际电工委员会(IEC)专门为可编程控制器下了严格定义。然而,PC 这一简写名称在国内早已成为个人计算机(personal computer)的代名词,为了避免造成名词术语混乱,国内仍沿用早期的简写名称 PLC 表示可编程控制器,但此 PLC 并不意味着只具有逻辑功能。

可编程控制器一直在发展中,直到目前还未能对其下最后的定义。

美国电气制造商协会在 1980 年给可编程控制器做了如下定义:

可编程控制器是一个数字式的电子装置,它使用了可编程序的记忆以存储指令,用来执行诸如逻辑、顺序、计时、计数和演算等功能,并通过数字或模拟的输入和输出,以控制各种机械或生产过程。一部数字电子计算机若是用来执行 PLC 之功能,亦被视同 PLC,但不包括鼓式或机械式顺序控制器。

国际电工委员会曾于 1982 年 11 月颁发了可编程控制器标准草案第一稿,1985 年 1 月颁发了第二稿,1987 年 2 月颁发了第三稿。草案中对可编程控制器的定义是:

可编程控制器是一种数字运算操作的电子系统,专为在工业环境下应用而设计。它采用可编程序的存储器,用来在其内部存储执行逻辑运算、顺序控制、定时、计数和算术操作等面向用户的指令,并通过数字量或模拟量的输入/输出,控制各种类型的机械或生产过程。可编程控制器及其有关外围设备,都按易于工业系统联成一个整体、易于扩充其功能的原则设计。

该定义强调了可编程控制器是"数字运算操作的电子系统",即它是一种计算机,是"专为在工业环境下应用而设计"的计算机。这种工业计算机采用"面向用户的指令",因此编程方便。它能完成逻辑运算、顺序控制、定时、计数和算术操作,还具有"数字量或模拟量的输入/输出"能力,并且非常容易与工业控制系统联成一体,易于扩充。

该定义还强调了可编程控制器直接应用于工业环境,它须具有很强的抗干扰能力、广泛的适应能力和应用范围。

1.2.4 PLC 的特点

1. 高可靠性

所有的 I/O 接口电路均采用光电隔离,使工业现场的外电路与 PLC 内部电路之间在电气上隔离。

各输入端均采用 R-C 滤波器,其滤波时间常数一般为 10~20 ms。

各模块均采用屏蔽措施,以防止辐射干扰。

采用性能优良的开关电源。

对采用的器件进行严格的筛选。

良好的自诊断功能,一旦电源或其他软、硬件发生异常情况,CPU 立即采取有效措施,以防止故障扩大。大型 PLC 可以采用由双 CPU 构成冗余系统或由三 CPU 构成表决系统,使可靠性进一步提高。

2. 丰富的 I/O 接口模块

PLC 针对不同的工业现场信号,如交流或直流、开关量或模拟量、电压或电流、脉冲或电位、强电或弱电等,有相应的 I/O 模块与工业现场的器件或设备,如按钮、行程开关、接近开关、传感器及变速器、电磁线圈、控制阀等,直接连接。另外,为了提高操作性能,它还有多种人-机对话的接口。

3. 采用模块化结构

为了适应各种工业控制需要,除了单元式的小型 PLC 以外,绝大多数 PLC 均采用模块化结构。PLC的各个部件，包括CPU、电源、I/O等均采用模块化设计，由机架及电缆将各模块连接起来，系统的规模和功能可根据用户的需要自行组合。

4. 编程简单易学

PLC的编程大多采用类似于继电器控制线路的梯形图形式，使用者不需要具备计算机的专门知识，因此很容易被一般工程技术人员所理解和掌握。

5. 安装简单，维修方便

PLC不需要专门的机房，可以在各种工业环境下直接运行。使用时只需将现场的各种设备与PLC相应的I/O端相连接，即可投入运行。各种模块上均有运行和故障指示装置，便于用户了解运行情况和查找故障。

PLC采用模块化结构，一旦某模块发生故障，用户可以通过更换模块的方法，使系统迅速恢复运行。

1.2.5 PLC的分类

1. 按I/O点数分类

1）小型PLC

小型PLC的I/O点数一般在128点以下，其特点是体积小、结构紧凑，整个硬件融为一体，除了开关量I/O以外，还可以连接模拟量I/O及其他各种特殊功能模块。它能执行包括逻辑运算、计时、计数、算术运算、数据处理和传送、通信联网以及各种应用指令。

2）中型PLC

中型PLC采用模块化结构，其I/O点数一般在256～1024点之间。I/O的处理方式除了采用一般PLC通用的扫描处理方式外，还能采用直接处理方式，即在扫描用户程序的过程中，直接读取输入数据，刷新输出数据。它能连接各种特殊功能的模块，通信联网功能更强，指令系统更丰富，内存容量更大，扫描速度更快。

3）大型PLC

一般I/O点数在1024点以上的称为大型PLC。大型PLC的软、硬件功能极强，具有极强的自诊断功能。通信联网功能强，有各种通信联网的模块，可以构成三级通信网，实现工厂生产管理自动化。大型PLC可以采用三CPU构成表决式系统，使机器的可靠性更高。

2. 按结构形式分类

根据PLC的结构形式，可将PLC分为整体式PLC、模块式PLC和叠装式PLC。

(1) 整体式PLC：将电源、CPU、I/O接口等部件都集中装在一个机箱内，具有结构紧凑、体积小、价格低的特点。

整体式PLC由不同I/O点数的基本单元（又称主机）和扩展单元（或扩展模块）组成。基本单元内有CPU、I/O接口、与I/O扩展单元相连的扩展口，以及与编程器或EPROM写入器相连的接口等。扩展单元内只有I/O和电源等，没有CPU；而扩展模块内只有I/O，没有CPU和电源等，由基本单元间接供电。基本单元和扩展单元之间一般用扁平电缆连接。整体式PLC一般还可配备特殊功能单元（或功能模块），如模拟量单元、位置控制单元等，使其功能得以扩展。小型PLC一般采用这种整体式结构。

(2) 模块式PLC：将PLC各组成部分分别做成若干个单独的模块，如CPU模块、I/O模块、电源模块（有的含在CPU模块中）以及各种功能模块。

模块式PLC由框架或基板和各种模块组成。模块装在框架或基板的插座上。这种模块式PLC的特点是配置灵活，可根据需要选配不同模块以组成一个系统，而且装配方便，便于扩展和维修。大、中型 PLC 一般采用模块式结构。

(3) 叠装式 PLC:将整体式 PLC 和模块式 PLC 的特点结合起来。

叠装式 PLC 的 CPU、电源、I/O 接口等是各自独立的模块,它们之间靠电缆进行连接,并且各模块可以一层层地叠装,这样不但系统可以灵活配置,还可以做得体积小巧。

3. 按功能分类

根据 PLC 的功能,可将 PLC 分为低、中、高三档 PLC。

(1) 低档 PLC:具有逻辑运算、定时、计数、移位以及自诊断、监控等基本功能,还可有少量模拟量输入/输出、算术运算、数据传送和比较、通信等功能,主要用于逻辑控制、顺序控制或少量模拟量控制的单机系统。

(2) 中档 PLC:除具有低档 PLC 的功能外,还有较强的模拟量输入/输出、算术运算、数据传送和比较、数制转换、远程 I/O、子程序、通信联网等功能。有些还增设中断、PID 控制等功能。

(3) 高档 PLC:除具有中档 PLC 的功能外,还增加了带符号算术运算、矩阵运算、位逻辑运算、平方根运算及其他特殊功能函数运算、制表及表格传送等功能。高档 PLC 具有较强的通信联网功能,可用于大规模过程控制或构成分布式网络控制系统,实现工厂自动化。

1.3 PAC、PLC 的组成

可编程控制器(PLC)类型繁多,但其结构和工作原理则大同小异,了解可编程控制器的基本结构,有助于理解可编程控制器的工作原理及用户程序的编制。

可编程控制器实质上是一种工业计算机,只不过它比一般的计算机具有更强的与工业过程相连接的接口和更直接的适应于控制要求的编程语言,故可编程控制器与计算机的组成十分相似。从硬件结构看,它由中央处理单元(CPU)、存储器(ROM/RAM)、输入/输出单元(I/O 单元)、编程器、电源等主要部件组成,如图 1-1-2 所示。

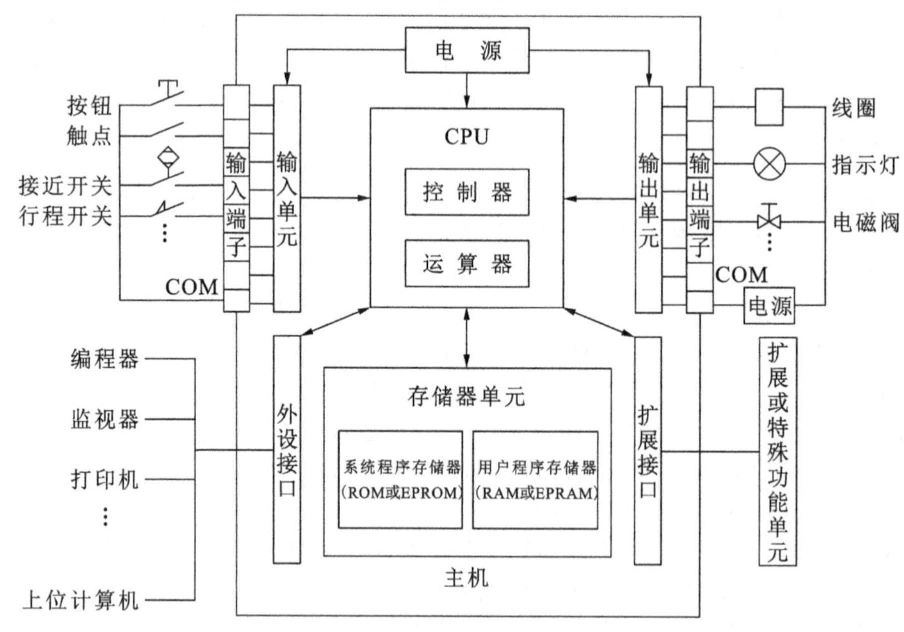

图 1-1-2 PLC 的基本结构

1. 中央处理单元

中央处理单元(CPU)是PLC的控制中枢。它按照PLC系统程序赋予的功能接收并存储从编程器键入的用户程序和数据;检查电源、存储器、I/O及警戒定时器的状态,并能诊断用户程序中的语法错误。当PLC投入运行时,首先它以扫描的方式接收现场各输入装置的状态和数据,并分别存入I/O映象区,然后从用户程序存储器中逐条读取用户程序,经过命令解释后按指令的规定执行逻辑或算术运算的结果并将其送入I/O映象区或数据寄存器内。等所有的用户程序执行完毕之后,将I/O映象区的各输出状态或输出寄存器内的数据传送到相应的输出装置,如此循环运行,直到停止运行。

为了进一步提高PLC的可靠性,近年来对大型PLC采用双CPU构成冗余系统,或采用三CPU的表决式系统,这样即使某个CPU出现故障,整个系统仍能正常运行。

2. 存储器

存放系统软件的存储器称为系统程序存储器,存放应用软件的存储器称为用户程序存储器。

1) PLC常用的存储器类型

(1) RAM (random assess memory):一种读/写存储器(随机存储器),其存取速度很快,由锂电池支持。

(2) EPROM (erasable programmable read only memory):一种可擦除的只读存储器。在断电情况下,存储器内的所有内容保持不变。(在紫外线连续照射下可擦除存储器内容。)

(3) EEPROM(electrical erasable programmable read only memory):一种电可擦除的只读存储器。使用编程器能很容易地对其所存储的内容进行修改。

2) PLC存储空间的分配

虽然各种PLC的CPU的最大寻址空间各不相同,但是根据PLC的工作原理,其存储空间一般包括三个区域:系统程序存储区、系统RAM存储区(包括I/O映象区和系统软设备存储区等)、用户程序存储区。

在系统程序存储区中存放着相当于计算机操作系统的系统程序,包括监控程序、管理程序、命令解释程序、功能子程序、系统诊断子程序等。由制造厂商将其固化在EPROM中,用户不能直接存取。它和硬件一起决定了该PLC的性能。

系统RAM存储区包括I/O映象区及各类软设备,如逻辑线圈、数据寄存器、计时器、计数器、变址寄存器、累加器等存储器。

由于PLC投入运行后,只是在输入采样阶段才依次读入各输入状态和数据,在输出刷新阶段才将输出的状态和数据送至相应的外设,因此它需要一定数量的存储单元(RAM)以存放I/O的状态和数据,这些单元称为I/O映象区。

一个开关量I/O占用存储单元中的一个位(bit),一个模拟量I/O占用存储单元中的一个字(16bit)。因此,整个I/O映象区可看作由两个部分组成:开关量I/O映象区和模拟量I/O映象区。

除了I/O映象区以外,系统RAM存储区还包括PLC内部各类软设备(逻辑线圈、计时器、计数器、数据寄存器和累加器等)的存储区。该存储区又分为具有失电保持的存储区域和无失电保持的存储区域。前者在PLC断电时,由内部的锂电池供电,数据不会遗失;后者当PLC断电时,数据被清零。

与开关输出一样,每个逻辑线圈占用系统RAM存储区中的一个位,但不能直接驱动外设,只供用户在编程中使用,其作用类似于电气控制线路中的继电器。另外,不同的PLC还提供数量不等的特殊逻辑线圈,具有不同的功能。

与模拟量I/O一样,每个数据寄存器占用系统RAM存储区中的一个字(16 bit)。另外,PLC还提供数量不等的特殊数据寄存器,具有不同的功能。

用户程序存储区存放用户编制的用户程序。不同类型的PLC,其存储容量各不相同。

3. 电源

PLC的电源在整个系统中起着十分重要的作用。如果没有一个良好的、可靠的电源,系统是无法正常工作的,因此PLC的制造商对电源的设计和制造十分重视。

一般交流电压波动在15%范围内,可以不采取其他措施而将PLC直接连接到交流电网上去。电源一方面可为CPU板、I/O板及扩展单元提供工作电源(5VDC),另一方面可为外部输入元件提供24VDC (200 mA)电源。

4. 扩展接口

扩展接口用于将扩展单元与基本单元相连,使PLC的配置更加灵活。

5. 通信接口

为了实现"人—机"或"机—机"之间的对话,PLC配有多种通信接口。PLC通过这些通信接口可以与监视器、打印机、其他的PLC或计算机相连。

当PLC与打印机相连时,可将过程信息、系统参数等输出打印;当与监视器(CRT)相连时,可将过程图像显示出来;当与其他PLC相连时,可以组成多机系统或连成网络,实现更大规模的控制;当与计算机相连时,可以组成多级控制系统,实现控制与管理相结合的综合系统。

1.4 PAC、PLC的工作原理

最初研制生产的PLC主要用于代替传统的由继电器接触器构成的控制装置,但这两者的运行方式是不相同的。

继电器控制装置采用硬逻辑并行运行的方式,即如果某个继电器的线圈通电或断电,该继电器所有的触点(包括其常开或常闭触点)在继电器控制线路的每个位置上都会立即同时动作。

PLC的CPU则采用顺序逻辑扫描用户程序的运行方式,即如果一个输出线圈或逻辑线圈被接通或断开,该线圈的所有触点(包括其常开或常闭触点)不会立即动作,必须等扫描到该触点时才会动作。

为了消除二者之间由于运行方式不同而造成的差异,考虑到继电器控制装置各类触点的动作时间一般在100 ms以上,而PLC扫描用户程序的时间一般小于100 ms,因此,PLC采用了一种不同于一般微型计算机的运行方式——扫描技术,这样在对于I/O响应要求不高的场合,PLC与继电器控制装置的处理结果没有区别。

1. 扫描技术

当PLC投入运行后,其工作过程一般分为三个阶段,即输入采样、用户程序执行和输出刷新三个阶段,如图1-1-3所示。完成上述三个阶段称为一个扫描周期。在整个运行期间,PLC的CPU以一定的扫描速度重复执行上述三个阶段。

1) 输入采样阶段

在输入采样阶段,PLC以扫描方式依次地读入所有输入状态和数据,并将它们存入I/O映

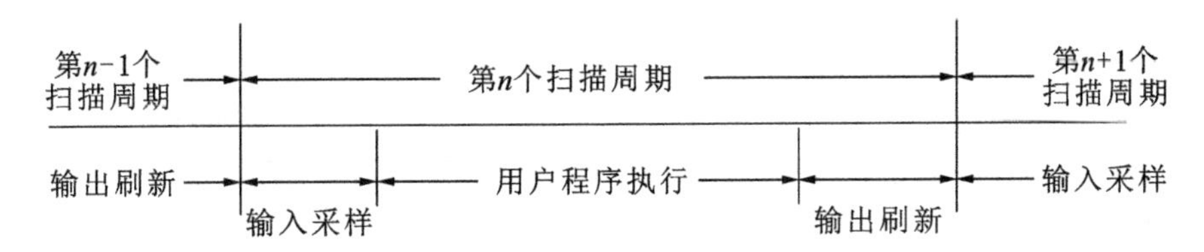

图 1-1-3 工作过程的三个阶段

象区中的相应单元内。输入采样结束后，转入用户程序执行和输出刷新阶段。在这两个阶段中，即使输入状态和数据发生变化，I/O 映象区中的相应单元的状态和数据也不会改变。因此，如果输入是脉冲信号，则该脉冲信号的宽度必须大于一个扫描周期，才能保证在任何情况下，该输入均能被读入。

2）用户程序执行阶段

在用户程序执行阶段，PLC 总是按由上而下的顺序依次地扫描用户程序（梯形图）。在扫描每一条梯形图时，又总是先扫描梯形图左边的由各触点构成的控制线路，并按先左后右、先上后下的顺序对由触点构成的控制线路进行逻辑运算，然后根据逻辑运算的结果，刷新该逻辑线圈在系统 RAM 存储区中对应位的状态，或者刷新该输出线圈在 I/O 映象区中对应位的状态，或者确定是否要执行该梯形图所规定的特殊功能指令。

在用户程序执行过程中，只有输入点在 I/O 映象区内的状态和数据不会发生变化，而其他输出点和软设备在 I/O 映象区或系统 RAM 存储区内的状态和数据都有可能发生变化，而且排在上面的梯形图，其程序执行结果会对排在下面的凡是用到这些线圈或数据的梯形图起作用；相反，排在下面的梯形图，其被刷新的逻辑线圈的状态或数据只能到下一个扫描周期才能对排在其上面的程序起作用。

3）输出刷新阶段

当扫描用户程序结束后，PLC 就进入输出刷新阶段。在此期间，CPU 按照 I/O 映象区内对应的状态和数据刷新所有的输出锁存电路，再经输出电路驱动相应的外设。这时，才是 PLC 的真正输出。

比较下面两个程序的异同：

程序 1：

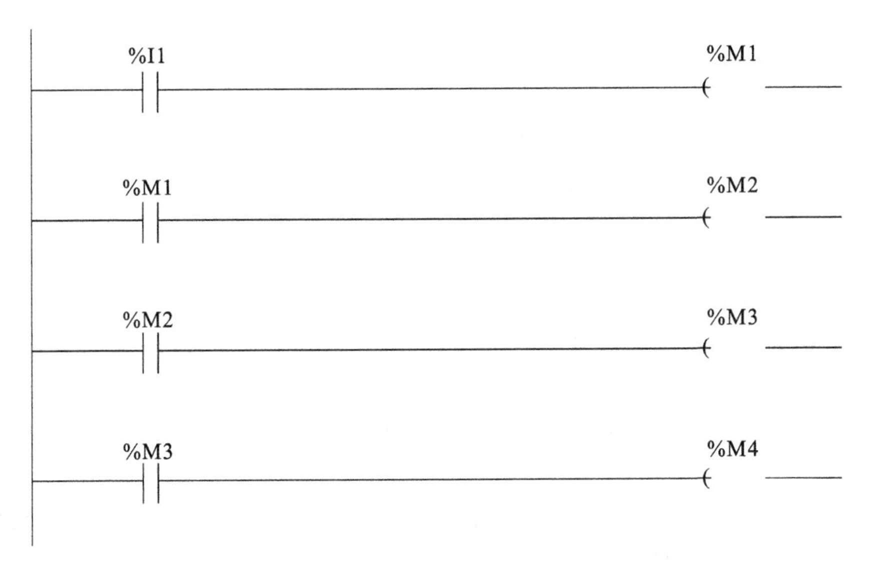

程序 2：

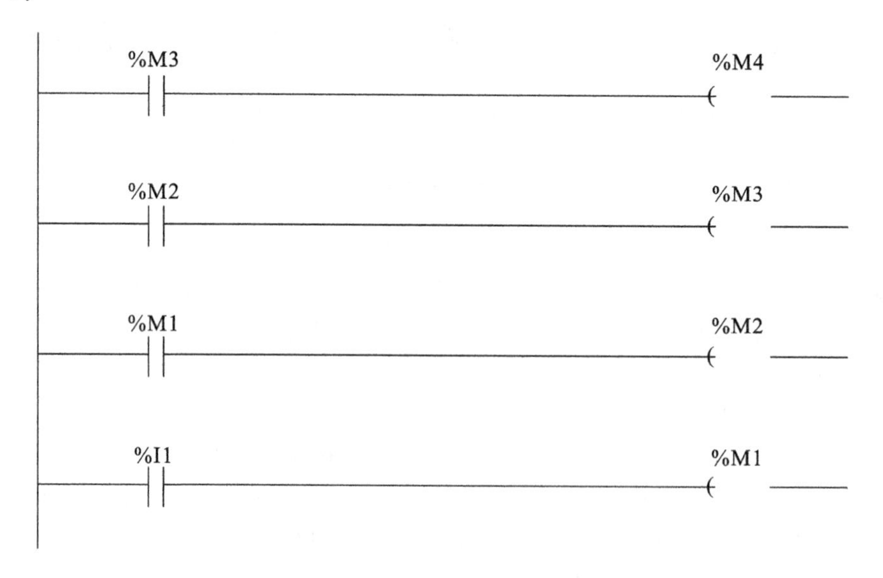

这两段程序执行的结果完全一样，但在 PLC 中执行的过程却不一样。

程序 1 只用一次扫描周期，就可完成对%M4 的刷新；程序 2 要用四次扫描周期，才能完成对%M4 的刷新。

这两段程序说明：同样的若干条梯形图，其排列次序不同，执行的结果也不同；采用扫描用户程序的运行结果与继电器控制装置的硬逻辑并行运行的结果有所区别。当然，如果扫描周期所占用的时间对于整个运行来说可以忽略，那么二者之间就没有区别了。

一般来说，PLC 的扫描周期包括自诊断、通信等，如图 1-1-4 所示，即一个扫描周期等于自诊断、通信、输入采样、用户程序执行、输出刷新等所有时间的总和。

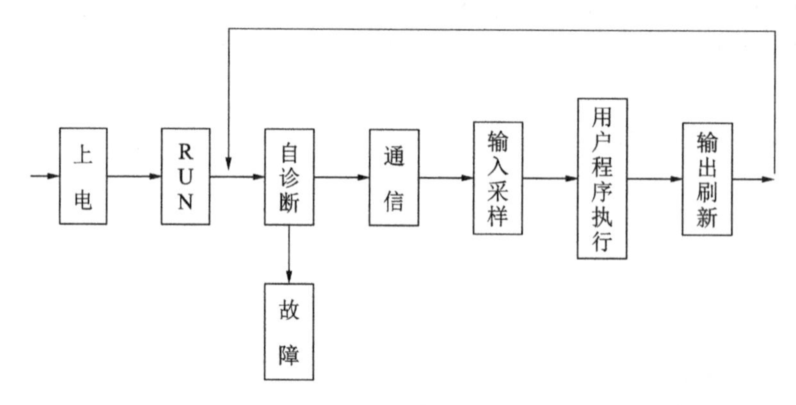

图 1-1-4　PLC 的扫描周期

2. PLC 的 I/O 响应时间

为了增强 PLC 的抗干扰能力、提高其可靠性，PLC 的每个开关量输入端都采用光电隔离等技术。

为了能实现继电器控制线路的硬逻辑并行控制，PLC 采用了不同于一般微型计算机的运行方式(扫描技术)。

以上两个主要原因，使得 PLC 的 I/O 响应比一般微型计算机构成的工业控制系统慢得多，其响应时间至少等于一个扫描周期，一般均大于一个扫描周期甚至更长。

所谓I/O响应时间是指从PLC的某一输入信号变化开始到系统有关输出端信号的改变所需的时间。其最短的I/O响应时间与最长的I/O响应时间如图1-1-5和图1-1-6所示。

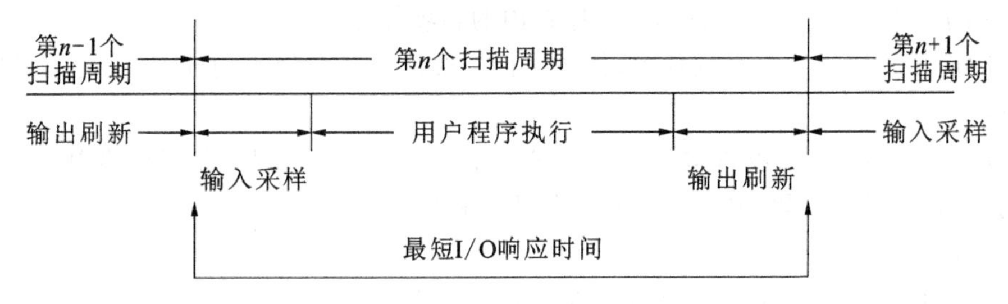

图1-1-5 最短I/O响应时间

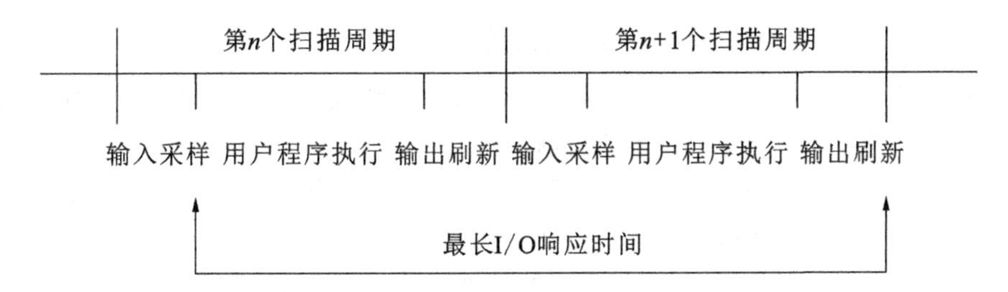

图1-1-6 最长I/O响应时间

PAC的工作原理与PLC的类似，下面介绍PLC的工作原理，如图1-1-7所示。PLC采用扫描技术，PLC扫描用户程序的时间一般小于100 ms，即一个扫描周期等于自诊断、通信、输入采样、用户程序执行、输出刷新等所有时间的总和。

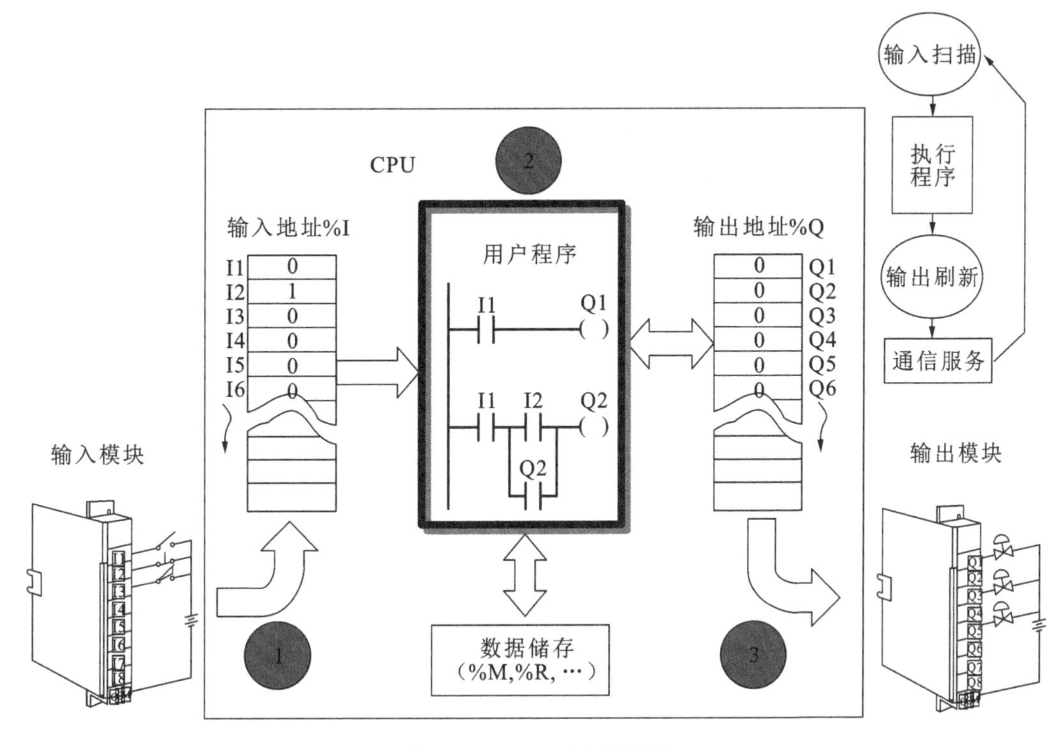

图1-1-7 PLC工作原理图

PAC的基本功能就是监视现场输入的信号，根据用户的控制逻辑进行控制运算，输出信号控制现场设备的运行。

在PAC系统中,控制逻辑由用户编程实现。用户程序要下载到PAC系统中执行,PAC按照循环扫描的方式,完成包括执行用户程序在内的各项任务。

PAC周而复始地执行一系列任务,任务执行一次称为一个扫描周期。在一个扫描周期内,PAC执行以下操作。

(1) 读输入:PAC读取物理输入点上的状态并复制到输入过程映象寄存器中。

(2) 执行用户控制逻辑:从头至尾地执行用户程序。

(3) 处理通信任务。

(4) 执行自诊断:PAC检查整个系统是否正常工作。

(5) 写输出:复制输出过程映像寄存器中的数据状态到物理输出点。

3. PAC、PLC、继电器、单片机控制系统的比较

继电器控制系统:由开关、继电器、接触器等组成,靠硬接线实现逻辑运算,有触点,并行方式,易出现故障,排除故障困难,不易系统更新换代。

PLC:CPU、存储器等微机系统,采用程序控制方式,无触点,串行方式,成品组装,可靠性极强,安装、使用、维护、维修方便,易于系统更新换代。

PAC:由PLC发展而来,是对PLC功能的扩展。PAC是控制引擎的集中,涵盖PLC用户的多种需要及制造厂商对信息的需求。PAC包括PLC的主要功能和扩大的控制能力,以及PC-based控制中基于对象的、开放数据格式和网络连接等功能。

单片机控制系统的硬件需人工设计、焊接,需较强的电子技术技能,抗干扰能力差,采用程序控制方式,无触点,维护、使用需较强的专业知识,程序设计较难,系统更新换代周期长。

课后习题:

(1) 什么是PLC? PLC有哪些特点?

(2) 什么是PAC? PAC有哪些特点?

(3) PLC的工作原理是什么?

(4) PLC的组成结构包括哪些?

(5) PLC的分类依据有哪些?

第 2 章 电气控制系统中常用的低压电器

低压电器是电气控制中的基本组成元件，可编程控制器在电气控制系统中需要大量的低压控制电器配合才能组成一个完整的控制系统，控制系统的优劣和低压电器性能的高低有直接的关系。因此，熟悉低压电器的基本知识是学习可编程控制器的基础。

2.1 电器的定义与分类

电器：对电能的生产、输送、分配与应用起着控制、调节、检测和保护的作用。

低压电器：用于交流 1200 V、直流 1500 V 以下电路的器件。

低压电器种类繁多，功能各样，构造各异，用途广泛，工作原理各不相同，常用低压电器的分类方法也很多。

1. 按用途或控制对象分类

(1) 配电电器：主要用于低压配电系统中。要求系统发生故障时准确动作、可靠工作，在规定条件下具有相应的动稳定性与热稳定性，使电器不会被损坏。常用的配电电器有刀开关、转换开关、熔断器、断路器等。

(2) 控制电器：主要用于电气传动系统中。要求寿命长、体积小、重量轻且动作迅速、准确、可靠。常用的控制电器有接触器、继电器、启动器、主令电器、电磁铁等。

2. 按动作方式分类

(1) 自动电器：依靠自身参数的变化或外来信号的作用，自动完成接通或分断等动作，如接触器、继电器等。

(2) 手动电器：用手动操作来进行切换的电器，如刀开关、转换开关、按钮等。

3. 按触点类型分类

(1) 有触点电器：利用触点的接通和分断来切换电路，如接触器、刀开关、按钮等。

(2) 无触点电器：无可分离的触点，主要利用电子元件的开关效应，即导通和截止来实现电路的通、断控制，如接近开关、霍尔开关、电子式时间继电器、固态继电器等。

4. 按工作原理分类

(1) 电磁式电器：根据电磁感应原理动作的电器，如接触器、继电器、电磁铁等。

(2) 非电量控制电器：依靠外力或非电量信号（如速度、压力、温度等）的变化而动作的电器，如转换开关、行程开关、速度继电器、压力继电器、温度继电器等。

5. 按低压电器型号分类

为了便于了解文字符号和各种低压电器的特点，采用我国《国产低压电器产品型号编制办法》的分类方法，将低压电器分为 13 个大类。每个大类用一位汉语拼音字母作为该产品型号的首字母，第二位汉语拼音字母表示该类电器的各种形式。

(1) 刀开关 H,例如 HS 为双投式刀开关(刀型转换开关),HZ 为组合开关。
(2) 熔断器 R,例如 RC 为瓷插式熔断器,RM 为密封式熔断器。
(3) 断路器 D,例如 DW 为万能式断路器,DZ 为塑壳式断路器。
(4) 控制器 K,例如 KT 为凸轮控制器,KG 为鼓型控制器。
(5) 接触器 C,例如 CJ 为交流接触器,CZ 为直流接触器。
(6) 启动器 Q,例如 QJ 为自耦变压器降压启动器,QX 为星三角启动器。
(7) 控制继电器 J,例如 JR 为热继电器,JS 为时间继电器。
(8) 主令电器 L,例如 LA 为按钮,LX 为行程开关。
(9) 电阻器 Z,例如 ZG 为管型电阻器,ZT 为铸铁电阻器。
(10) 变阻器 B,例如 BP 为频敏变阻器,BT 为启动调速变阻器。
(11) 调整器 T,例如 TD 为单相调压器,TS 为三相调压器。
(12) 电磁铁 M,例如 MY 为液压电磁铁,MZ 为制动电磁铁。
(13) 其他 A,例如 AD 为信号灯,AL 为电铃。

2.2 接 触 器

2.2.1 接触器的结构和工作原理

接触器主要用于控制电动机、电热设备、电焊机、电容器组等,能频繁地接通或断开交直流主电路,实现远距离自动控制。它具有低电压释放保护功能,在电力拖动自动控制线路中被广泛应用。

接触器有交流接触器和直流接触器两大类型。下面介绍交流接触器。

图 1-2-1 所示为交流接触器的结构示意图及图形符号。

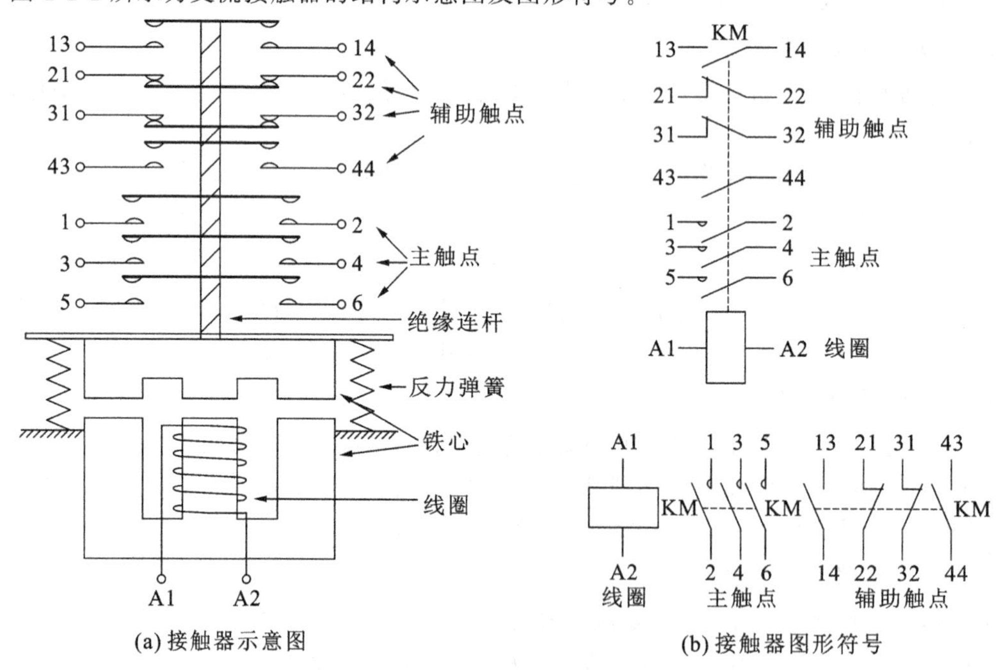

(a) 接触器示意图
(b) 接触器图形符号

图 1-2-1 交流接触器的结构示意图及图形符号

交流接触器的组成部分：电磁机构、触头系统、灭弧装置及其他部件。

(1) 电磁机构：由线圈、动铁心(衔铁)和静铁心组成。

(2) 触头系统：交流接触器的触头系统包括主触头和辅助触头。主触头用于通断主电路，有3对或4对常开触头；辅助触头用于控制电路，起电气联锁或控制作用，通常有两对常开、两对常闭触头。

(3) 灭弧装置：容量在10 A以上的接触器都有灭弧装置。对于小容量的接触器，常采用双断口桥形触头以利于灭弧；对于大容量的接触器，常采用纵缝灭弧罩及栅片灭弧结构。

(4) 其他部件：包括反作用弹簧、缓冲弹簧、触头压力弹簧、传动机构及外壳等。

接触器上标有端子标号，线圈为A1、A2，主触头1、3、5接电源侧，2、4、6接负荷侧。辅助触头用两位数表示，前一位为辅助触头顺序号，后一位的3、4表示常开触头，1、2表示常闭触头。

接触器的控制原理很简单，当线圈接通额定电压时，产生电磁力，克服弹簧反力，吸引动铁心向下运动，动铁心带动绝缘连杆和动触头向下运动使常开触头闭合，常闭触头断开。当线圈失电或电压低于释放电压时，电磁力小于弹簧反力，常开触头断开，常闭触头闭合。

2.2.2 接触器的技术参数

(1) 额定电压。接触器的额定电压是指主触头的额定电压。交流有220 V、380 V和660 V，在特殊场合应用的额定电压高达1140 V，直流主要有110 V、220 V和440 V。

(2) 额定电流。接触器的额定电流是指主触头的额定工作电流。它是在一定的条件(额定电压、使用类别和操作频率等)下规定的，目前常用的电流等级为10 A～800 A。

(3) 吸引线圈的额定电压：交流有36 V、127 V、220 V和380 V，直流有24 V、48 V、220 V和440 V。

(4) 机械寿命和电气寿命：接触器是频繁操作电器，应有较高的机械和电气寿命，该指标是产品质量的重要指标之一。

(5) 额定操作频率。接触器的额定操作频率是指每小时允许的操作次数，一般为每小时300次、600次和1200次。

(6) 动作值。动作值是指接触器的吸合电压和释放电压。规定接触器的吸合电压大于线圈额定电压的85%时应可靠吸合，释放电压不高于线圈额定电压的70%。

常用的交流接触器有CJ10、CJ12、CJ10X、CJ20、CJX1、CJX2、3TB和3TD等系列。

2.2.3 接触器的选择

(1) 根据负载性质选择接触器的类型。

(2) 额定电压应大于或等于主电路工作电压。

(3) 额定电流应大于或等于被控电路的额定电流。对于电动机负载，还应根据其运行方式适当增大或减小。

(4) 吸引线圈的额定电压与频率要与所在控制电路的选用电压和频率相一致。

2.3 继 电 器

控制继电器用于电路的逻辑控制，继电器具有逻辑记忆功能，能组成复杂的逻辑控制电路。

继电器用于将某种电量(如电压、电流)或非电量(如温度、压力、转速、时间等)的变化量转换为开关量,以实现对电路的自动控制功能。

继电器的种类很多,按输入量可分为电压继电器、电流继电器、时间继电器、速度继电器、压力继电器等,按工作原理可分为电磁式继电器、感应式继电器、电动式继电器、电子式继电器等,按用途可分为控制继电器、保护继电器等,按输入量变化形式可分为有无继电器和量度继电器。

有无继电器是根据输入量的有或无来动作的,无输入量时继电器不动作,有输入量时继电器动作,如中间继电器、通用继电器、时间继电器等。

量度继电器是根据输入量的变化来动作的,工作时其输入量是一直存在的,只有当输入量达到一定值时继电器才动作,如电流继电器、电压继电器、热继电器、速度继电器、压力继电器、液位继电器等。

2.3.1 电磁式继电器

在控制电路中用的继电器大多数是电磁式继电器。电磁式继电器具有结构简单,价格低廉,使用维护方便,触点容量小(一般在 5 A 以下),触点数量多且无主辅之分,无灭弧装置,体积小,动作迅速、准确,控制灵敏、可靠等特点,广泛地应用于低压控制系统中。常用的电磁式继电器有电流继电器、电压继电器、中间继电器以及各种小型通用继电器等。

电磁式继电器的结构和工作原理与接触器的相似,主要由电磁机构和触点组成。电磁式继电器有直流和交流两种。直流电磁式继电器结构示意图如图 1-2-2(a)所示,在线圈两端加上电压或通入电流,产生电磁力,当电磁力大于弹簧反力时,吸动衔铁使常开常闭接点动作;当线圈的电压或电流下降或消失时衔铁释放,接点复位。继电器输入-输出特性如图 1-2-2(b)所示。

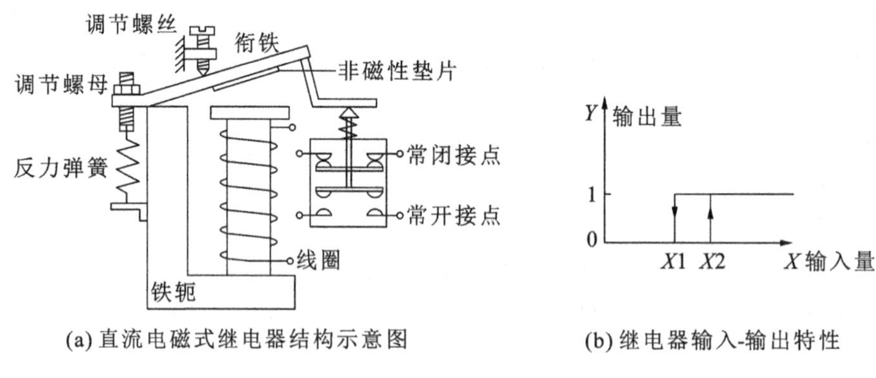

(a) 直流电磁式继电器结构示意图　　(b) 继电器输入-输出特性

图 1-2-2　直流电磁式继电器

2.3.2 热继电器

热继电器主要是用于电气设备(主要是电动机)的过负荷保护。热继电器是一种利用电流热效应原理工作的电器,它具有与电动机容许过载特性相近的反时限动作特性,主要与接触器配合使用,用于对三相异步电动机的过负荷和断相保护。

三相异步电动机在实际运行中,常会遇到因电气或机械原因等引起的过电流(过载和断相)现象。如果过电流不严重,持续时间短,绕组不超过允许温升,这种过电流是允许的;如果过电流情况严重,持续时间较长,则会加快电动机绝缘老化,甚至烧毁电动机,因此,在电动机回路中应设置电动机保护装置。常用的电动机保护装置种类很多,使用最多、最普遍的是双金属片式热继电器。目前,双金属片式热继电器均为三相式,有带断相保护的和不带断相保护的两种。

1. 热继电器的工作原理

图1-2-3(a)所示是双金属片式热继电器的结构示意图，图1-2-3(b)所示是其图形符号。热继电器主要由双金属片、热元件、复位按钮、传动杆、拉簧、调节旋钮、复位螺丝、触点和接线端子等组成。

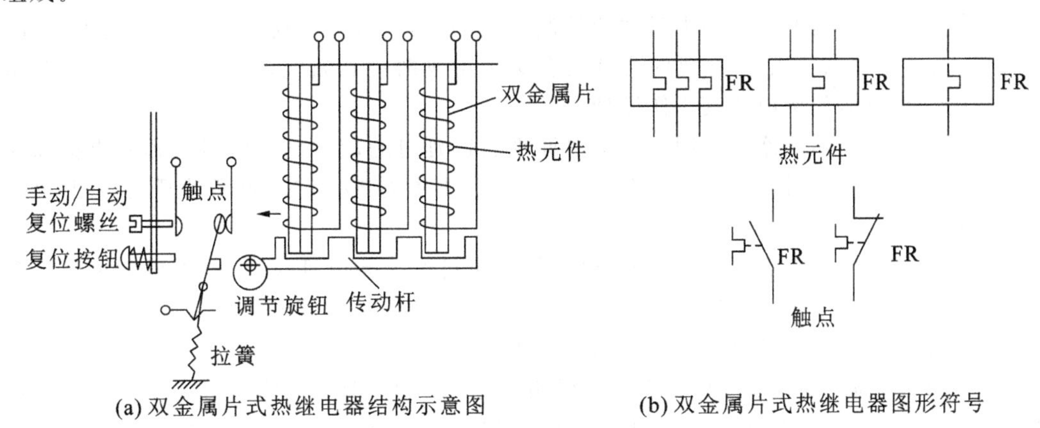

(a) 双金属片式热继电器结构示意图　(b) 双金属片式热继电器图形符号

图1-2-3　双金属片式热继电器结构示意图及图形符号

双金属片是一种将两种线膨胀系数不同的金属用机械辗压方法使之形成一体的金属片。线膨胀系数大的(如铁镍铬合金、铜合金或高铝合金等)称为主动层，线膨胀系数小的(如铁镍类合金)称为被动层。两种线膨胀系数不同的金属紧密地贴合在一起，产生的热效应使得双金属片向线膨胀系数小的一侧弯曲，由弯曲产生的位移带动触头动作。

热元件一般由铜镍合金、铁镍铬合金或铁铬铝等合金电阻材料制成，其形状有圆丝、扁丝、片状和带材几种。热元件串接于电机的定子电路中，通过热元件的电流就是电动机的工作电流(大容量的热继电器装有速饱和互感器，热元件串接在其二次回路中)。当电动机正常运行时，其工作电流通过热元件产生的热量不足以使双金属片变形，热继电器不会动作。当电动机发生过电流且超过整定值时，双金属片的热量增大而发生弯曲，经过一定时间后，使触点动作，通过控制电路切断电动机的工作电源。同时，热元件也因失电而逐渐降温，经过一段时间的冷却，双金属片恢复到原来状态。

热继电器动作电流的调节是通过旋转调节旋钮来实现的。调节旋钮为一个偏心轮，旋转调节旋钮可以改变传动杆和动触点之间的传动距离，距离越长动作电流就越大，反之动作电流就越小。

热继电器复位方式有自动复位和手动复位两种。将复位螺丝旋入，使常开的静触点向动触点靠近，这样动触点在闭合时处于不稳定状态，在双金属片冷却后动触点也返回，为自动复位方式。如将复位螺丝旋出，触点不能自动复位，为手动复位方式。在手动复位方式下，需在双金属片处于恢复状时按下复位按钮才能使触点复位。

2. 热继电器的选择原则

热继电器主要用于电动机的过载保护，使用中应考虑电动机的工作环境、启动情况、负载性质等因素，具体应按以下几个方面来选择。

(1) 热继电器结构型式的选择：星形接法的电动机可选用两相或三相结构热继电器，三角形接法的电动机应选用带断相保护装置的三相结构热继电器。

(2) 热继电器的动作电流整定值一般为电动机额定电流的1.05～1.1倍。

(3) 对于重复短时工作的电动机(如起重机电动机)，由于电动机不断重复升温，热继电器双金属片的温升跟不上电动机绕组的温升,电动机将得不到可靠的过载保护。因此,不宜选用双金属片式热继电器,而应选用过电流继电器或能反映绕组实际温度的温度继电器来进行保护。

2.3.3 时间继电器

时间继电器在控制电路中用于时间的控制。其种类很多,按其动作原理可分为电磁式、空气阻尼式、电动式和电子式等,按延时方式可分为通电延时型和断电延时型。下面以 JS7 型空气阻尼式时间继电器为例说明其工作原理。

空气阻尼式时间继电器是利用空气阻尼原理获得延时的,它由电磁机构、延时机构和触头系统 3 部分组成。电磁机构为直动式双 E 型铁心,触头系统借用 LX5 型微动开关,延时机构采用气囊式阻尼器。

空气阻尼式时间继电器可以做成通电延时型,也可改成断电延时型,电磁机构可以是直流的,也可以是交流的,如图 1-2-4 所示。

现以通电延时型时间继电器为例介绍其工作原理。

图 1-2-4(a)中通电延时型时间继电器为线圈不得电时的情况,当线圈通电后,动铁心吸合,带动 L 型传动杆向右运动,使瞬动接点受压,其接点瞬时动作。活塞杆在塔形弹簧的作用下,带动橡皮膜向右移动,弱弹簧将橡皮膜压在活塞上,橡皮膜左方的空气不能进入气室,形成负压,只能通过进气孔进气,因此活塞杆只能缓慢地向右移动,其移动的速度和进气孔的大小有关(通过延时调节螺丝调节进气孔的大小可改变延时)。经过一定的延时后,活塞杆移动到右端,通过杠杆压动微动开关(通电延时接点),使其常闭触头断开,常开触头闭合,起到通电延时作用。

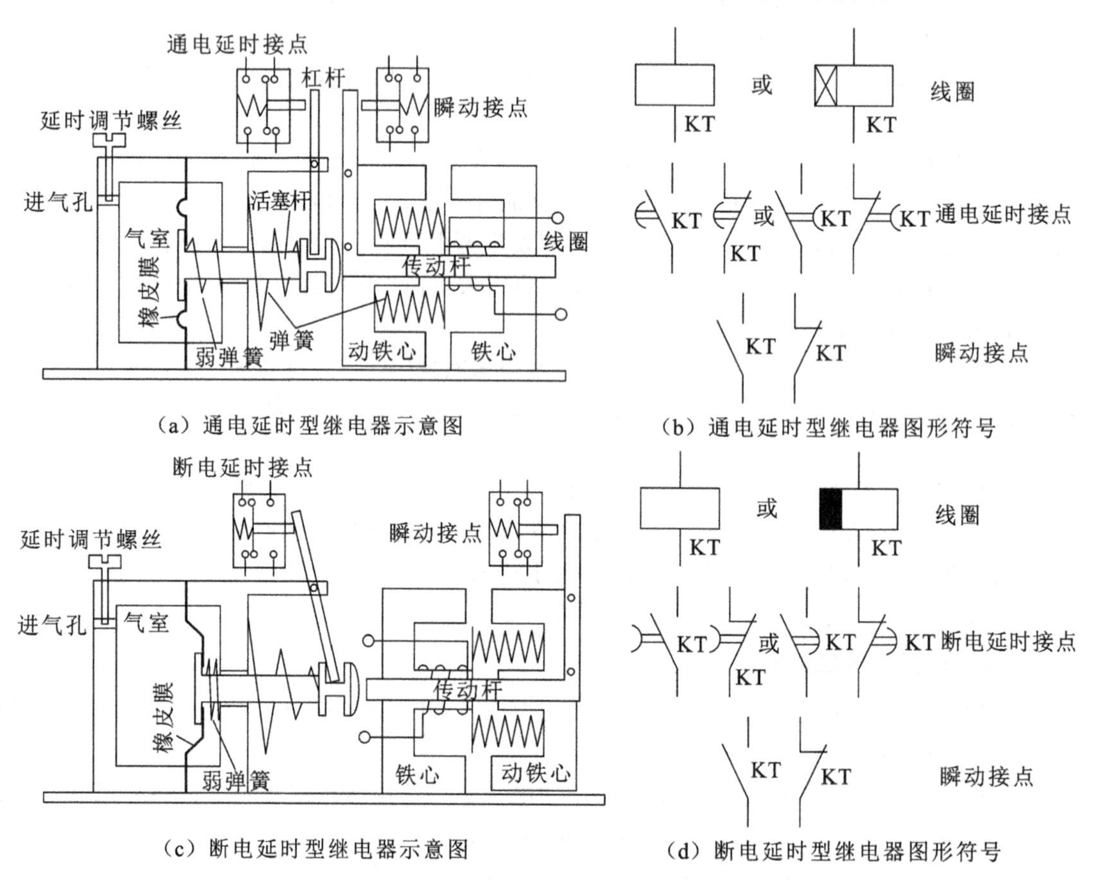

(a) 通电延时型继电器示意图　(b) 通电延时型继电器图形符号

(c) 断电延时型继电器示意图　(d) 断电延时型继电器图形符号

图 1-2-4　空气阻尼式时间继电器示意图及图形符号

当线圈断电时，电磁吸力消失，动铁心在反力弹簧的作用下释放，并通过活塞杆将活塞推向左端，这时气室内的空气通过橡皮膜和活塞杆之间的缝隙排掉，瞬动接点和延时接点迅速复位，无延时。

如果将通电延时型时间继电器的电磁机构反向安装，就可以改为断电延时型时间继电器，如图 1-2-4(c)中断电延时型时间继电器所示。线圈不得电时，塔形弹簧将橡皮膜和活塞杆推向右侧，杠杆将延时接点压下（注意，原来通电延时的常开接点现在变成断电延时的常闭接点，原来通电延时的常闭接点现在变成断电延时的常开接点），当线圈通电时，动铁心带动 L 型传动杆向左运动，使瞬动接点瞬时动作，同时推动活塞杆向左运动，如前所述，活塞杆向左运动不延时，延时接点瞬时动作。线圈失电时动铁心在反力弹簧的作用下返回，瞬动接点瞬时动作，延时接点延时动作。

时间继电器线圈和延时接点的图形符号都有两种画法，线圈中的延时符号可以不画，接点中的延时符号可以画在左边，也可以画在右边，但是圆弧的方向不能改变，如图 1-2-4(b)和图 1-2-4(d)所示。

空气阻尼式时间继电器的优点是结构简单、延时范围大、寿命长、价格低廉，且不受电源电压及频率波动的影响，其缺点是延时误差大、无调节刻度指示，一般适用延时精度要求不高的场合。常用的产品有 JS7-A、JS23 等系列，其中 JS7-A 系列的主要技术参数为延时范围，分 0.4 s～60 s 和 0.4 s～180 s 两种，操作频率为 600 次/h，触头容量为 5A，延时误差为±15%。在使用空气阻尼式时间继电器时，应保持延时机构的清洁，防止因进气孔堵塞而失去延时作用。

时间继电器在选用时应根据控制要求选择其延时方式，根据延时范围和精度选择继电器的类型。

2.3.4 速度继电器

速度继电器又称为反接制动继电器，主要用于三相鼠笼型异步电动机的反接制动控制。图 1-2-5为速度继电器的原理示意图及图形符号，它主要由转子、定子和触点 3 部分组成。转子是一个圆柱形永久磁铁，定子是一个鼠笼型空心圆环，由硅钢片叠成，并装有鼠笼型绕组。其转子的轴与被控电动机的轴相连接，当电动机转动时，转子随之转动，产生一个旋转磁场，定子中的鼠笼型绕组切割磁力线而产生感应电流和磁场，两个磁场相互作用，使定子受力而跟随转动，当达到一定转速时，装在定子轴上的摆锤推动簧片触点运动，使常闭触点断开，常开触点闭合。当电动机转速低于某一数值时，定子产生的转矩减小，触点在簧片作用下复位。

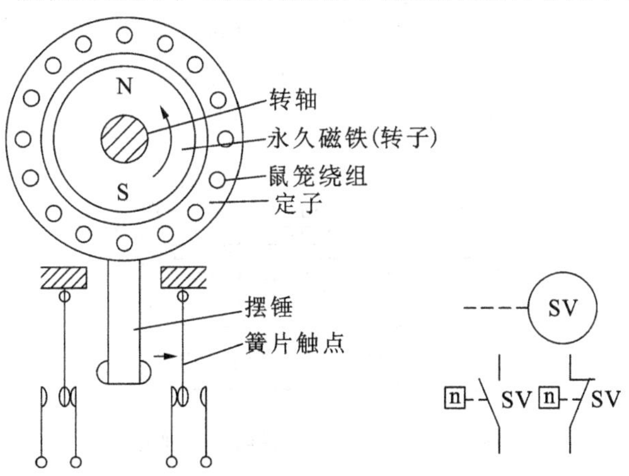

图 1-2-5　速度继电器的原理示意图及图形符号

常用的速度继电器有JY1型和JFZ0型两种。其中JY1型可在700～3600 r/min范围工作,JFZ0-1型适用于300～1000 r/min,JFZ0-2型适用于1000～3000 r/min。

一般速度继电器都具有两对转换触点,一对用于正转时动作,另一对用于反转时动作。触点额定电压为380 V,额定电流为2 A。通常速度继电器动作转速为130 r/min,复位转速在100 r/min以下。

2.3.5 液位继电器

液位继电器主要用于对液位的高低进行检测并发出开关量信号,以控制电磁阀、液泵等设备对液位的高低进行控制。液位继电器的种类很多,工作原理也不尽相同,下面介绍JYF-02型液位继电器。其结构示意图及图形符号如图1-2-6所示。浮筒置于液体内,浮筒的另一端为一根磁钢,靠近磁钢的液体外壁也装一根磁钢,并和动触点相连,当水位上升时,受浮力上浮而绕固定支点上浮,带动磁钢条向下,当内磁钢N极低于外磁钢N极时,由于液体壁内、外两根磁钢同性相斥,壁外的磁钢受排斥力迅速上翘,带动触点迅速动作。同理,当液位下降,内磁钢N极高于外磁钢N极时,外磁钢受排斥力迅速下翘,带动触点迅速动作。液位高低的控制是由液位继电器安装的位置来决定的。

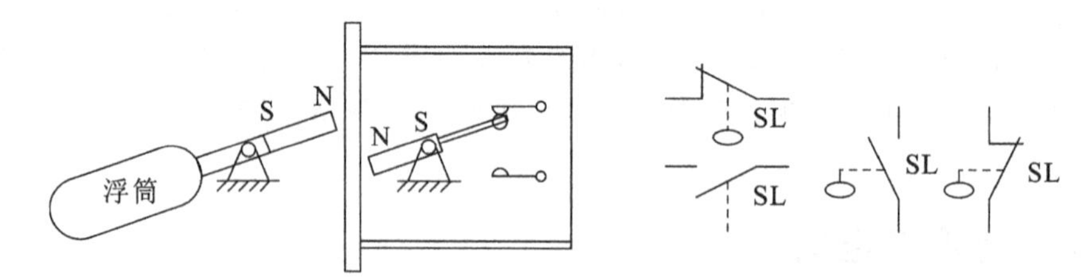

图1-2-6 JYF-02型液位继电器结构示意图及图形符号

2.3.6 干簧继电器

干簧继电器是一种具有密封触点的电磁式断电器。干簧继电器可以反映电压、电流、功率以及电流极性等信号,在检测、自动控制、计算机控制技术等领域中应用广泛。干簧继电器主要由干式舌簧片与励磁线圈组成。干式舌簧片(触点)是密封的,由铁镍合金做成,舌片的接触部分通常镀有贵重金属(如金、铑、钯等),接触良好,具有优良的导电性能。触点密封在充有氮气等惰性气体的玻璃管中,因而有效地防止了尘埃的污染,减少了触点的腐蚀,提高了工作可靠性。其结构原理图如图1-2-7所示。

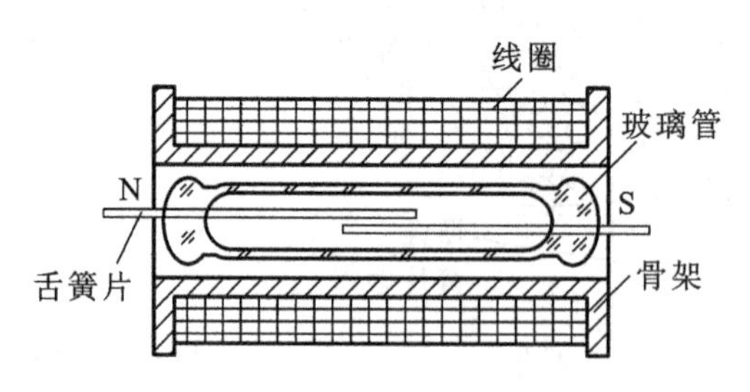

图1-2-7 干簧继电器结构原理图

干簧继电器的工作原理:当线圈通电后,管中两舌簧片的自由端分别被磁化成N极和S极而相互吸引，因而接通被控电路；线圈断电后，舌簧片在本身的弹力作用下分开，将线路切断。

干簧继电器的特点：结构简单，体积小；吸合功率小，灵敏度高，一般吸合与释放时间均在 0.5～2 ms 以内；触点密封，不受尘埃、潮气及有害气体污染，动片质量小，动程小，触点电寿命长，一般可达 107 次左右。

干簧继电器还可以用永磁体来驱动，反映非电信号，用作限位及行程控制以及非电量检测等。干簧继电器的主要部件为干簧继电器的干簧水位信号器，适用于工业与民用建筑中的水箱、水塔及水池等开口容器的水位控制和水位报警。

2.4 熔断器

熔断器在电路中主要起短路保护作用，用于保护线路。熔断器的熔体串接于被保护的电路中，熔断器以其自身产生的热量使熔体熔断，从而自动切断电路，实现短路保护及过载保护。熔断器具有结构简单、体积小、重量轻、使用维护方便、价格低廉、分断能力较高、限流能力良好等优点，因此在电路中得到广泛应用。

2.4.1 熔断器的结构和分类

熔断器由熔体和安装熔体的绝缘底座（或称熔管）组成。熔体由易熔金属材料铅、锌、锡、铜、银及其合金制成，形状常为丝状或网状。由铅锡合金和锌等低熔点金属制成的熔体，因不易灭弧，多用于小电流电路；由铜、银等高熔点金属制成的熔体，易于灭弧，多用于大电流电路。

熔断器串接于被保护电路中，电流通过熔体时产生的热量与电流平方和电流通过的时间成正比，电流越大，则熔体熔断时间越短，这种特性称为熔断器的反时限保护特性或安秒特性，如图 1-2-8 所示。图中 I_N 为熔断器额定电流，熔体允许长期通过额定电流而不熔断。

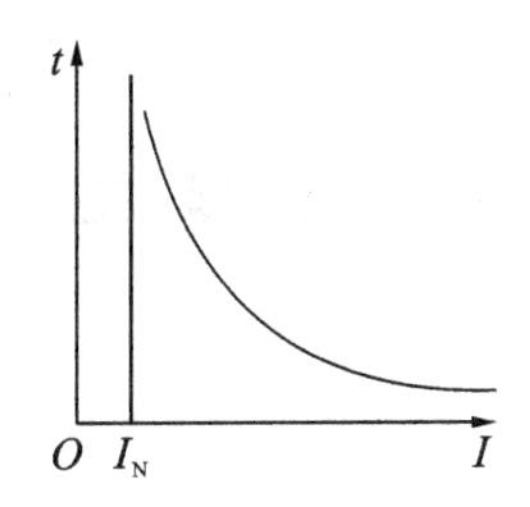

图 1-2-8 熔断器的反时限保护特性

熔断器种类很多，按结构分为开启式、半封闭式和封闭式，按有无填料分为有填料式、无填料式，按用途分为工业用熔断器、保护半导体器件熔断器及自复式熔断器等。

2.4.2 熔断器的技术参数

熔断器的主要技术参数包括额定电压、熔体额定电流、熔断器额定电流、极限分断能力等。

(1) 额定电压：保证熔断器能长期正常工作的电压。

(2) 熔体额定电流：熔体长期通过而不会熔断的电流。

(3) 熔断器额定电流：保证熔断器能长期正常工作的电流。

(4) 极限分断能力：熔断器在额定电压下所能开断的最大短路电流。在电路中出现的最大电流一般是指短路电流值，所以极限分断能力反映了熔断器分断短路电流的能力。

2.4.3 熔断器的选择

主要依据负载的保护特性和短路电流的大小选择熔断器的类型。对于容量小的电动机和照明支线，常采用熔断器作为过载及短路保护，因而希望熔体的熔化系数适当小些。通常选用铅锡合金熔体的 RQA 系列熔断器。对于较大容量的电动机和照明干线，则应着重考虑短路保护和分断能力。通常选用具有较高分断能力的 RM10 和 RL1 系列的熔断器；当短路电流很大时，宜采用具有限流作用的 RT0 和 RT12 系列的熔断器。

熔体的额定电流可按以下方法选择。

(1) 保护无启动过程的平稳负载如照明线路、电阻、电炉等时，熔体额定电流略大于或等于负荷电路中的额定电流。

(2) 保护单台长期工作的电机，熔体电流可按最大启动电流选取，也可按下式选取：

$$I_{RN} \geqslant (1.5 \sim 2.5) I_N$$

式中：I_{RN}——熔体额定电流，I_N——电动机额定电流。如果电动机频繁启动，式中系数可适当加大至 3～3.5，具体应根据实际情况而定。

(3) 保护多台长期工作的电机(供电干线)：

$$I_{RN} \geqslant (1.5 \sim 2.5) I_{Nmax} + \Sigma I_N$$

式中：I_{Nmax}——容量最大单台电机的额定电流，ΣI_N 其余电动机额定电流之和。

(4) 熔断器的级间配合。为防止发生越级熔断、扩大事故范围，上、下级(即供电干、支线)线路的熔断器间应有良好配合。选用时，应使上级(供电干线)熔断器的熔体额定电流比下级(供电支线)的大 1～2 个级差。

常用的熔断器有管式熔断器 R1 系列、螺旋式熔断器 RL1 系列、填料封闭式熔断器 RT0 系列及快速熔断器 RSO、RS3 系列等。

2.5 开关电器

2.5.1 刀开关

刀开关是一种手动电器，常用的刀开关有 HD 型单投刀开关、HS 型双投刀开关、HR 型熔断器式刀开关、HZ 型组合开关、HK 型闸刀开关、HY 型倒顺开关等。

HD 型单投刀开关、HS 型双投刀开关、HR 型熔断器式刀开关主要用于在成套配电装置中作为隔离开关，装有灭弧装置的刀开关也可以控制一定范围内的负荷线路。作为隔离开关的刀开关的容量比较大，其额定电流在 100 A～1500 A 之间，主要起供配电线路的电源隔离作用。隔离开关没有灭弧装置，不能操作带负荷的线路，只能操作空载线路或电流很小的线路，如小型空载变压器、电压互感器等。操作时应注意，停电时应将线路的负荷电流用断路器、负荷开关等开关电器切断后再将隔离开关断开，送电时操作顺序相反。隔离开关断开时有明显的断开点，有利于检修人员的停电检修工作。隔离刀开关由于控制负荷能力很小，也没有保护线路的功能，所以通常不能单独使用，一般要和能切断负荷电流和故障电流的电器(如熔断器、断路器和负荷开关等电器)一起使用。

HZ 型组合开关、HK 型闸刀开关一般用于电气设备及照明线路的电源开关。

HY 型倒顺开关、HH 型铁壳开关装有灭弧装置,一般可用于电气设备的启动、停止控制。

1. HD 型单投刀开关

HD 型单投刀开关按极数分为 1 极、2 极、3 极几种,其示意图及图形符号如图 1-2-9 所示。

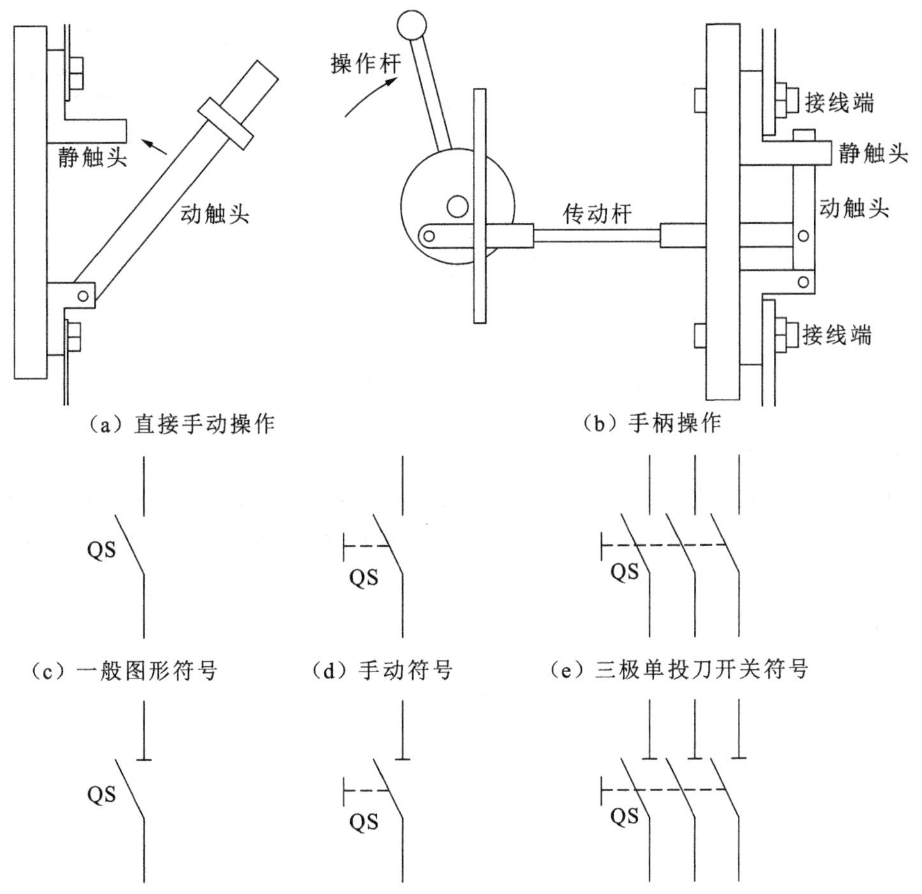

图 1-2-9 HD 型单投刀开关示意图及图形符号

单投刀开关的型号含义如下:

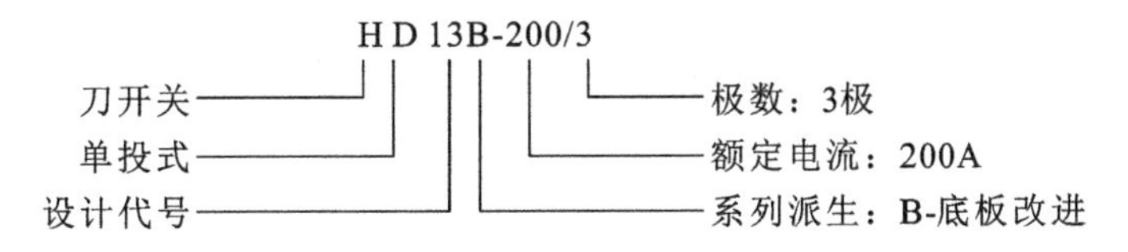

设计代号:11—中央手柄式,12—侧方正面杠杆操作机构式,13—中央正面杠杆操作机构式,14—侧面手柄式。

2. HS 型双投刀开关

HS 型双投刀开关也称转换开关,其作用和单投刀开关类似,常用于双电源的切换或双供电线路的切换等,其示意图及图形符号如图 1-2-10 所示。由于双投刀开关具有机械互锁的结构特点,因此可以防止双电源的并联运行和两条供电线路同时供电。

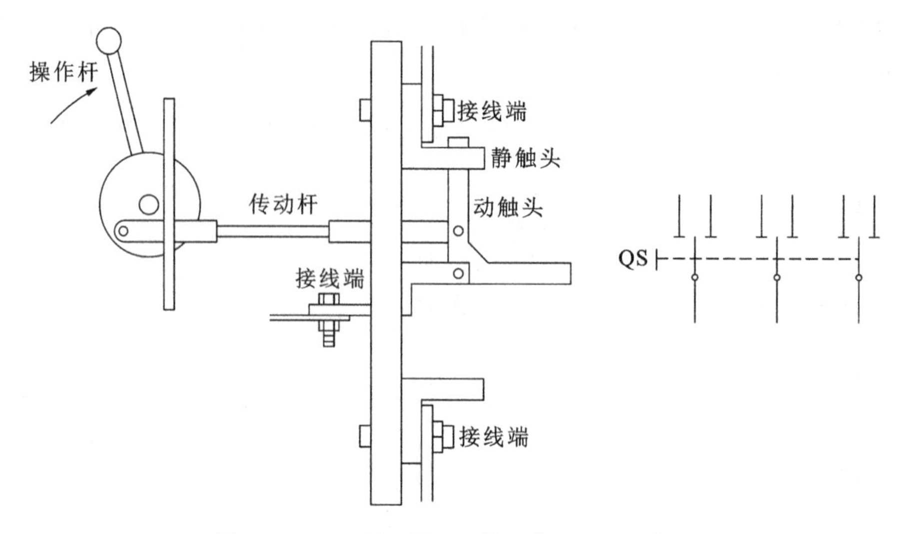

图 1-2-10 HS 型双投刀开关示意图及图形符号

3. HR 型熔断器式刀开关

HR 型熔断器式刀开关也称刀熔开关,它实际上是将刀开关和熔断器组合成一体的电器。刀熔开关操作方便,并简化了供电线路,在供配电线路上应用很广泛,其工作示意图及图形符号如图 1-2-11 所示。刀熔开关可以切断故障电流,但不能切断正常的工作电流,所以一般应在无正常工作电流的情况下进行操作。

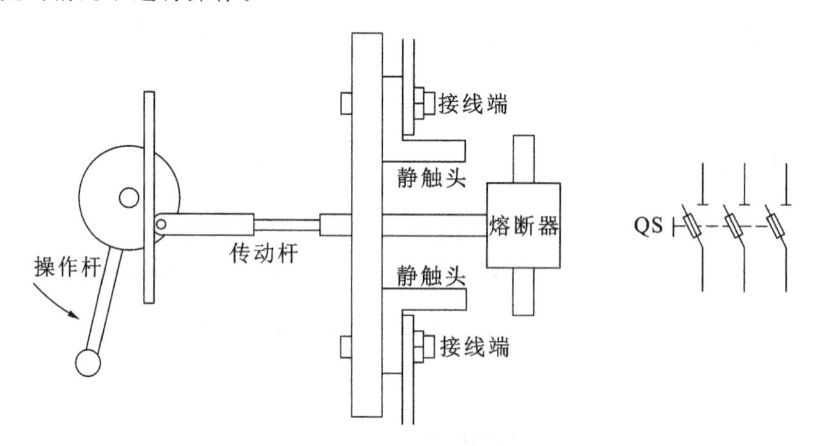

图 1-2-11 HR 型熔断器式刀开关示意图及图形符号

2.5.2 低压断路器

1. 低压断路器的用途

低压断路器又称自动空气开关,分为框架式 DW 系列(又称万能式)和塑壳式 DZ 系列(又称装置式)两大类;主要在电路正常工作条件下作为线路的不频繁接通和分断用,并在电路发生过载、短路及失压时能自动分断电路。

2. DZ 系列断路器的结构和工作原理

断路器由触头系统、灭弧室、传动机构和脱扣机构几部分组成，如图 1-2-12 所示。

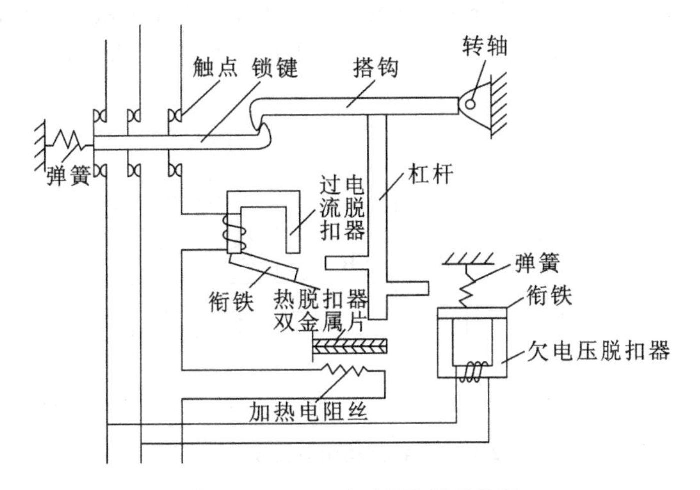

图 1-2-12 DZ 系列断路器结构图

DZ 系列断路器的工作原理如下。

(1) 正常状态通/断电路：由操作机构手动、电动(分励脱扣器)合/分闸。

(2) 保护功能：

• 短路(过流)保护 —— 过电流脱扣器(12)，

短路电流→过流脱扣器线圈→12 的衔铁吸合→自由脱扣机构 3 上移→触点动作；

• 失压(欠压)保护 —— 失压脱扣器(8)，

失压→失压脱扣器 F<F 反→8 的衔铁释放→自由脱扣机构 3 上移→触点动作。

3. 主要技术参数

额定电压：断路器长期工作的允许电压，通常等于或大于电路的额定电压。

额定电流：断路器在电路中长期工作时的允许持续电流。

通断能力：断路器在规定的电压、频率以及规定的线路参数(交流电路为功率因数，直流电路为时间常数)下，所能接通和分断的短路电流值。

分断时间：切断故障电流所需的时间，包括固有断开时间和燃弧时间。

2.6 主令电器

主令电器用于在控制电路中以开关接点的通断形式来发布控制命令，使控制电路执行对应的控制任务。主令电器应用广泛，种类繁多，常见的有按钮、行程开关、接近开关、万能转换开关、主令控制器、选择开关、足踏开关等。

2.6.1 按钮

按钮是一种最常用的主令电器，其结构简单，控制方便。

1. 按钮的结构、种类及常用型号

按钮由按钮帽、复位弹簧、桥式触点和外壳等组成，其结构示意图及图形符号如图 1-2-13

所示。触点采用桥式触点,额定电流在5A以下。触点分常开触点(动断触点)和常闭触点(动合触点)两种。

按钮从外形和操作方式上可以分为平按钮和急停按钮,急停按钮也叫蘑菇头按钮,如图1-2-13(c)所示,除此之外,还有钥匙钮、旋钮、拉式钮、万向操纵杆式、带灯式等多种类型。

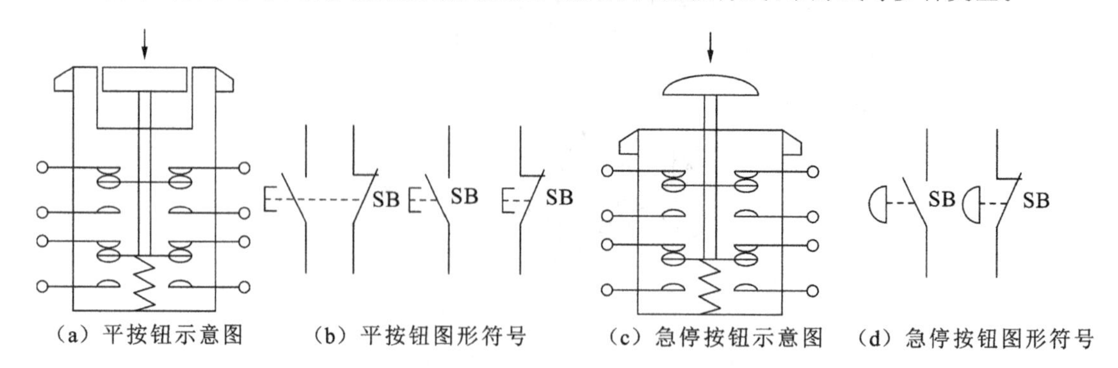

图 1-2-13 按钮结构示意图及图形符号

按钮按触点动作方式可以分为直动式和微动式两种。图1-2-13所示的按钮均为直动式,其触点动作速度和手按下的速度有关。而微动式按钮的触点动作变换速度快,和手按下的速度无关,其动作原理如图1-2-14所示。动触点由弯形簧片组成,当弯形簧片受压向下运动,低于平行簧片时,弯形簧片迅速变形,将平行簧片触点弹向上方,实现触点瞬间动作。

小型微动式按钮也叫微动开关,微动开关还可以用于各种继电器和限位开关中,如时间继电器、压力继电器和限位开关等。

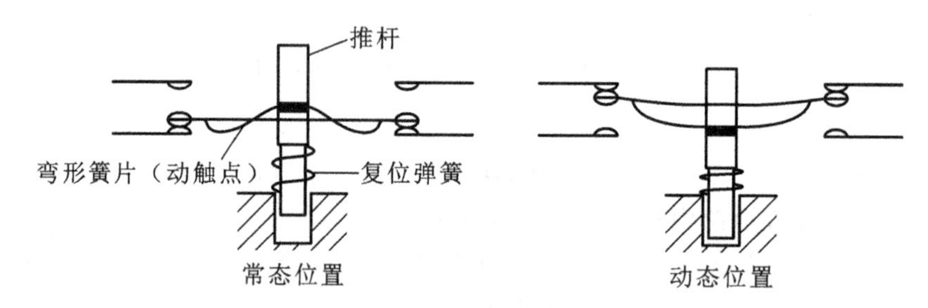

图 1-2-14 微动式按钮动作原理图

按钮一般为复位式,也有自锁式按钮,最常用的按钮为复位式平按钮,如图1-2-13(a)所示,其按钮与外壳平齐,可防止异物误碰。

2.6.2 行程开关、接近开关与光电开关

行程开关又叫限位开关,它的种类很多,按运动形式可分为直动式、微动式、转动式等,按触点的性质分可为有触点式和无触点式。

1. 有触点行程开关

有触点行程开关简称行程开关,行程开关的工作原理和按钮的相同,区别在于它不是靠手的按压,而是利用生产机械运动的部件碰压而使触点动作来发出控制指令的主令电器。它用于控制生产机械的运动方向、速度、行程大小或位置等,其结构形式多种多样。

图1-2-15所示为几种操作类型的行程开关动作原理示意图及图形符号。

行程开关的主要参数有型式、动作行程、工作电压及触头的电流容量。目前国内生产的行

程开关有 LXK3、3SE3、LX19、LXW 和 LX 等系列。

常用的行程开关有 LX19、LXW5、LXK3、LX32 和 LX33 等系列。

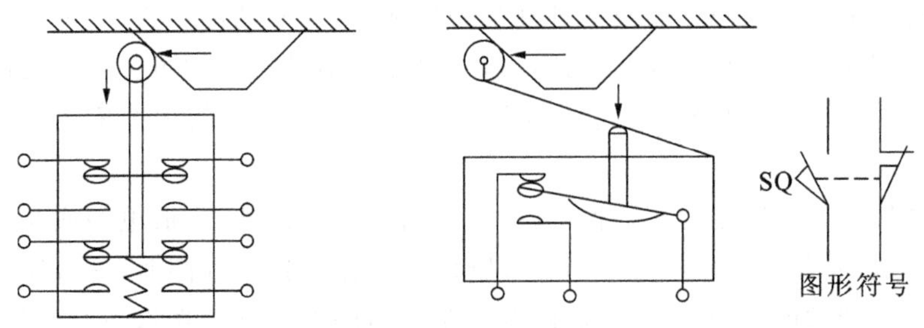

（a）直动式行程开关示意图　（b）微动式行程开关示意图及图形符号

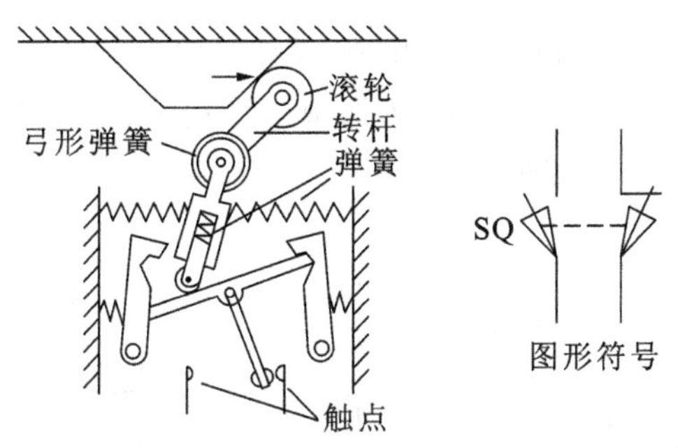

（c）旋转式双向机械碰压限位开关示意图及图形符号

图 1-2-15　行程开关结构示意图及图形符号

2. 无触点行程开关

无触点行程开关又称接近开关，它可以代替有触头行程开关来完成行程控制和限位保护，还可用于高频计数、测速、液位控制、零件尺寸检测、加工程序的自动衔接等的非接触式开关。它具有非接触式触发、动作速度快、可在不同的检测距离内动作、发出的信号稳定无脉动、工作稳定可靠、寿命长、重复定位精度高以及能适应恶劣的工作环境等特点，所以在机床、纺织、印刷、塑料等工业生产中应用广泛。

无触点行程开关分为有源型和无源型两种，多数无触点行程开关为有源型，主要包括检测元件、放大电路、输出驱动电路三部分，一般采用 5 V～24 V 的直流电流，或 220 V 交流电源等。图 1-2-16 所示为三线式有源型接近开关结构框图。

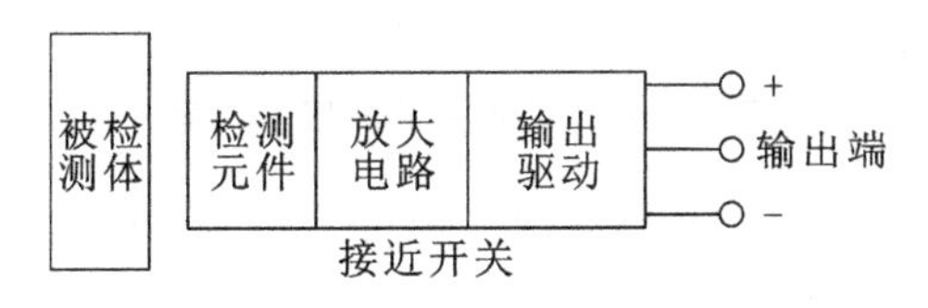

图 1-2-16　三线式有源型接近开关结构框图

接近开关按检测元件工作原理可分为高频振荡型、超声波型、电容型、电磁感应型、永磁型、霍尔元件型与磁敏元件型等。不同型式的接近开关所检测的被检测体不同。

电容式接近开关可以检测各种固体、液体或粉状物体，其主要由电容式振荡器及电子电路组成，它的电容位于传感界面，当物体接近时，会因改变了电容值而振荡，从而产生输出信号。

霍尔接近开关用于检测磁场，一般用磁钢作为被检测体。其内部的磁敏感器件仅对垂直于传感器端面的磁场敏感，当磁极 S 极正对接近开关时，接近开关的输出产生正跳变，输出为高电平，若磁极 N 极正对接近开关，输出为低电平。

超声波接近开关适于检测不能或不可触及的目标，其控制功能不受声、电、光等因素干扰，检测物体可以是固体、液体或粉末状态的物体，只要能反射超声波即可。其主要由压电陶瓷传感器、发射超声波和接收反射波用的电子装置及调节检测范围用的程控桥式开关等几个部分组成。

高频振荡式接近开关用于检测各种金属，主要由高频振荡器、集成电路或晶体管放大器和输出器 3 部分组成，其基本工作原理是当金属物体接近振荡器的线圈时，该金属物体内部产生的涡流将吸取振荡器的能量，致使振荡器停振。振荡器的振荡和停振这两个信号，经整形放大后转换成开关信号输出。

接近开关输出形式有两线、三线和四线式几种，晶体管输出类型有 NPN 和 PNP 两种，外形有方型、圆型、槽型和分离型等多种，图 1-2-17 为槽型三线式 NPN 型光电式接近开关的工作原理图和远距分离型光电开关工作示意图。

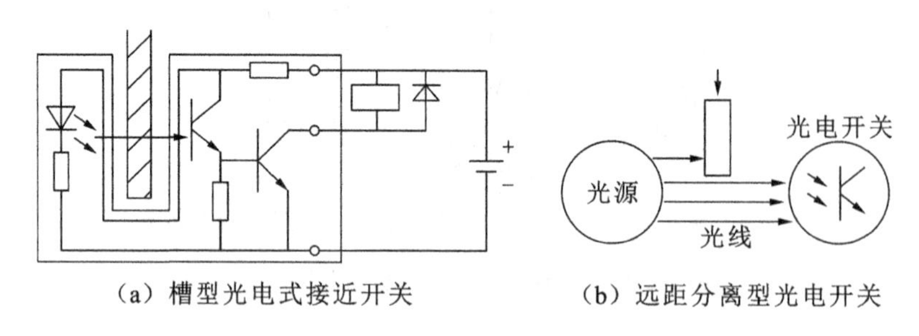

(a) 槽型光电式接近开关　　(b) 远距分离型光电开关

图 1-2-17　槽型和分离型光电开关

接近开关的主要参数有型式、动作距离范围、动作频率、响应时间、重复精度、输出型式、工作电压及输出触点的容量等。接近开关的图形符号可用图 1-2-18 表示。

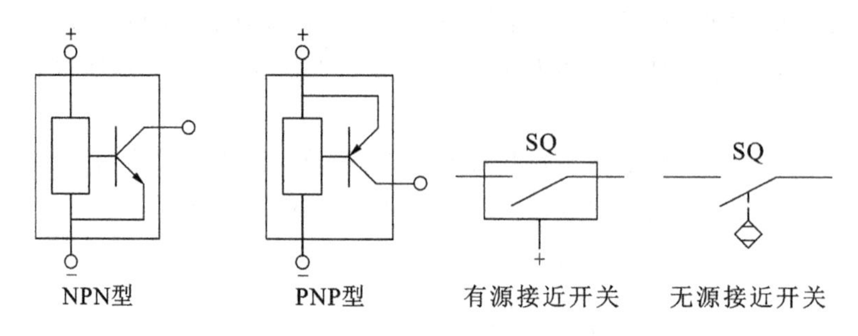

图 1-2-18　接近开关的图形符号

接近开关的产品种类十分丰富，常用的国产接近开关有 LJ、3SG 和 LXJ18 等多种系列，国外进口及引进产品亦在国内有大量的应用。

3. 有触点行程开关的选择

有触点行程开关的选择应注意以下几点。

(1) 应用场合及控制对象选择。

(2) 安装环境选择防护形式，如开启式或保护式。

(3) 控制回路的电压和电流。

(4) 机械与行程开关的传力与位移关系选择合适的头部形式。

4. 接近开关的选择

(1) 工作频率、可靠性及精度。

(2) 检测距离、安装尺寸。

(3) 触点形式(有触点、无触点)、触点数量及输出形式(NPN 型、PNP 型)。

(4) 电源类型(直流、交流)、电压等级。

2.6.3 转换开关

转换开关是一种多挡位、多触点、能够控制多回路的主令电器,主要用于各种控制设备中线路的换接、遥控和电流表、电压表的换相测量等,也可用于控制小容量电动机的启动、换向、调速。

转换开关的工作原理和凸轮控制器的一样,只是使用地点不同,凸轮控制器主要用于主电路,直接对电动机等电气设备进行控制,而转换开关主要用于控制电路,通过继电器和接触器间接控制电动机。常用的转换开关类型主要有两大类,即万能转换开关和组合开关。二者的结构和工作原理基本相似,在某些应用场合下二者可相互替代。转换开关按结构类型分为普通型、开启组合型和防护组合型等,按用途又分为主令控制用和控制电动机用两种。转换开关的图形符号和凸轮控制器的一样,如图 1-2-19 所示。

(a) 5位转换开关

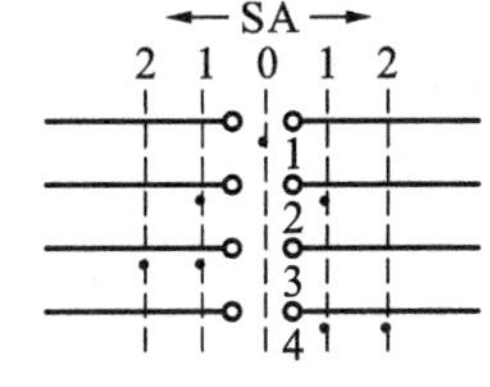

(b) 4极5位转换开关图形符号

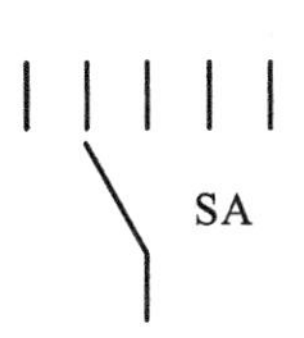

(c) 单极5位转换开关图形符号

图 1-2-19 转换开关及图形符号

转换开关的触点通断状态可以用图表来表示,如图 1-2-19 中的 4 极 5 位转换开关如表 1-2-1 所示。

表 1-2-1 转换开关触点通断状态表

触点号	位置				
	←	↖	↑	↗	→
	90°	45°	0°	45°	90°
1			×		
2		×		×	
3	×	×			
4				×	×

注:×表示触点接通。

转换开关的主要参数有型式、手柄类型、触点通断状态表、工作电压、触头数量及其电流容量,在产品说明书中都有详细说明。常用的转换开关有 LW2、LW5、LW 6、LW8、LW9、LW12、LW16、VK、3LB 和 HZ 等系列,其中 LW2 系列用于高压断路器操作回路的控制,LW5、LW6 系列多用于电力拖动系统中对线路或电动机实行控制,LW6 系列还可装成双列型式,列与列之间用齿轮啮合，并由同一手柄操作，此种开关最多可装 60 对触点。

转换开关的选择可以根据以下几个方面进行：

(1) 额定电压和工作电流；

(2) 手柄型式和定位特征；

(3) 触点数量和接线图编号；

(4) 面板型式及标志。

2.6.4 万能转换开关

万能转换开关是一种多档式、控制多回路的主令电器。万能转换开关主要用于各种控制线路的转换、电压表、电流表的换相测量控制、配电装置线路的转换和遥控等。万能转换开关还可以用于直接控制小容量电动机的启动、调速和换向。

图 1-2-20 所示为万能转换开关单层的结构示意图。

常用产品有 LW5 和 LW6 系列。LW5 系列可控制 5.5 kW 及以下的小容量电动机，LW6 系列只能控制 2.2 kW 及以下的小容量电动机。用于可逆运行控制时，只有在电动机停车后才允许反向启动。LW5 系列万能转换开关按手柄的操作方式可分为自复式和定位式两种。所谓自复式是指用手拨动手柄于某一挡位时，手松开后，手柄自动返回原位；定位式则是指手柄被置于某一挡位时，不能自动返回原位而停在该挡位。

万能转换开关的手柄操作位置是以角度表示的。不同型号的万能转换开关的手柄有不同万能转换开关的触点，电路图中的图形符号如图 1-2-21 所示。但由于其触点的分合状态与操作手柄的位置有关，所以，除在电路图中画出触点图形符号外，还应画出操作手柄与触点分合状态的关系。图中当万能转换开关朝向左 45°时，触点 1—2、3—4、5—6 闭合，触点 7—8 打开；朝向 0°时，只有触点 5—6 闭合，右 45°时，触点 7—8 闭合，其余打开。

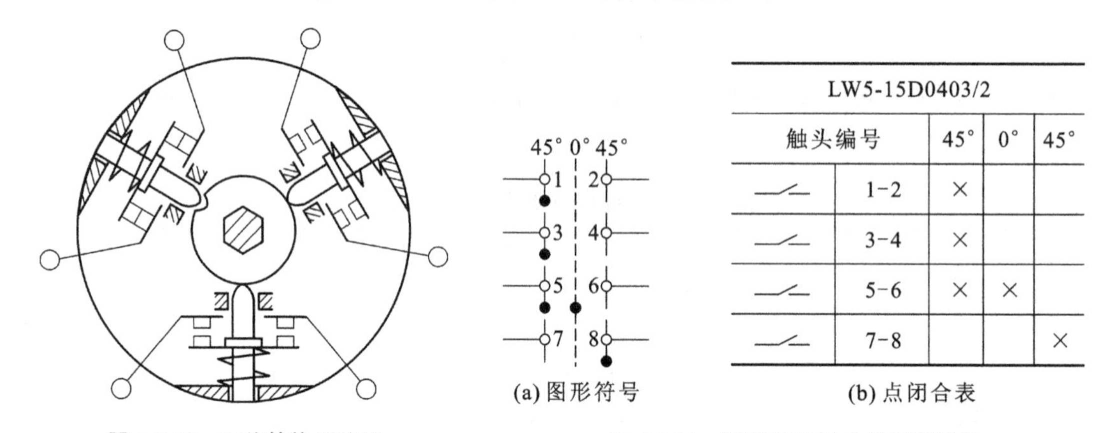

LW5-15D0403/2				
触头编号		45°	0°	45°
—⁄—	1-2	×		
—⁄—	3-4	×		
—⁄—	5-6	×	×	
—⁄—	7-8			×

(b) 点闭合表

图 1-2-20 万能转换开关图

图 1-2-21 万能转换开关的图形符号

2.7 常用继电器控制电路与相应 PLC 梯形图

继电器是一种电子控制器件，它具有控制系统(又称输入回路)和被控制系统(又称输出回路)，通常应用于自动控制电路中。它实际上是用较小电流去控制较大电流的一种“自动开关”，故在电路中起着自动调节、安全保护、转换电路等作用。

2.7.1 点动电路

点动电路，顾名思义，点则动，松则不动，即按下按钮开，松开按钮停。

图 1-2-22 为点动电路工作原理图。

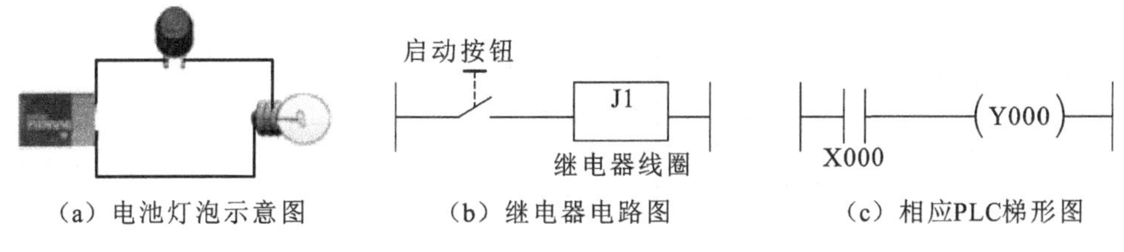

图 1-2-22　点动电路工作原理图

图 1-2-23 所示为点动电路实物图。

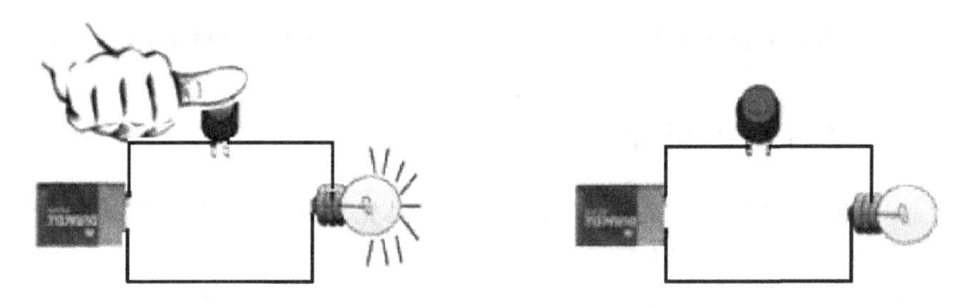

图 1-2-23　点动电路实物图

图 1-2-24 所示为点动电路时序图。

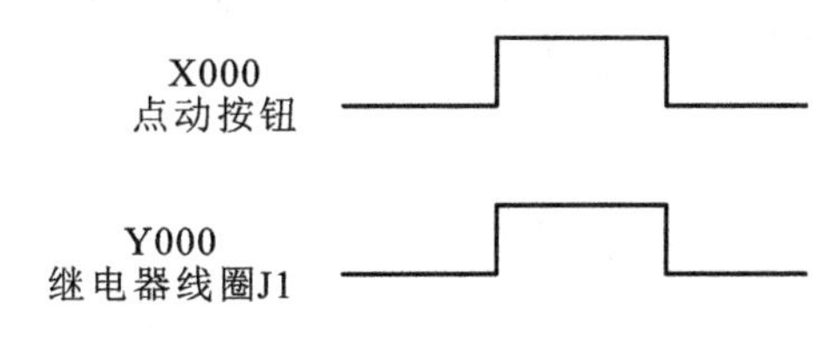

图 1-2-24　点动电路时序图

2.7.2 带停止的自动保持电路

带停止的自动保持电路是保持电路状态的一种基本形式，主要用于保持外部信号状态。

图 1-2-25 所示为带停止的自动保持电路继电器原理图，图 1-2-26 所示为其等效 PLC 梯形图。

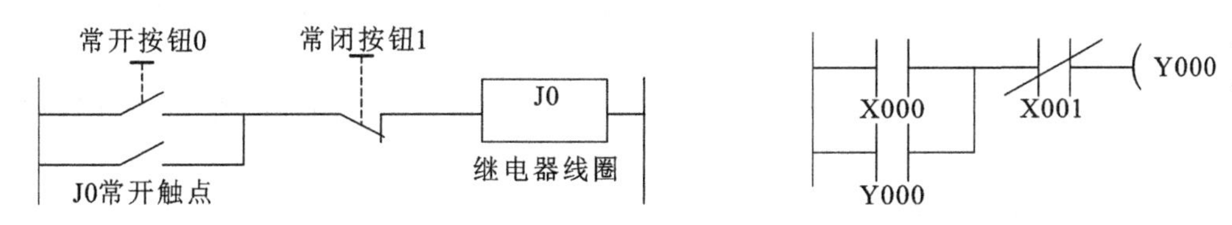

图 1-2-25　带停止的自动保持电路继电器原理图　　图 1-2-26　带停止的自动保持电路等效 PLC 梯形图

工作原理：

开机，按下常开按钮 0，继电器线圈 J0 得电，J0 主触点闭合，电机得电开机；同时 J0 辅助触点自锁,电机继续运行,如图 1-2-27 所示。

停机,按下常闭按钮 1,继电器线圈 J0 失电,同时 J0 辅助触点断开,电动机失电停机,如图 1-2-28所示。

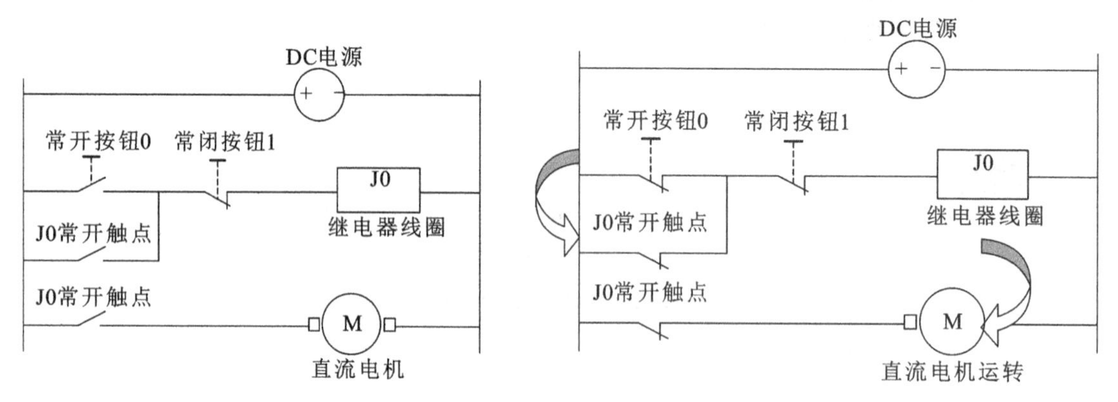

图 1-2-27　继电器线圈 J0 未通电

图 1-2-28　继电器线圈 J0 通电

2.7.3　自保持互锁电路

自保持互锁电路:一个停止开关,两个启动开关,以先动作的信号优先,另一信号因受连锁作用,在停止信号未动作前不会动作。

图 1-2-29 所示为自保持互锁电路继电器原理图,图 1-2-30 所示为其等效 PLC 梯形图。

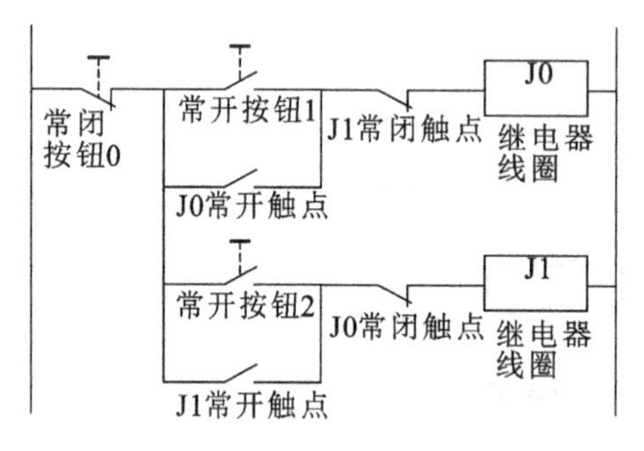

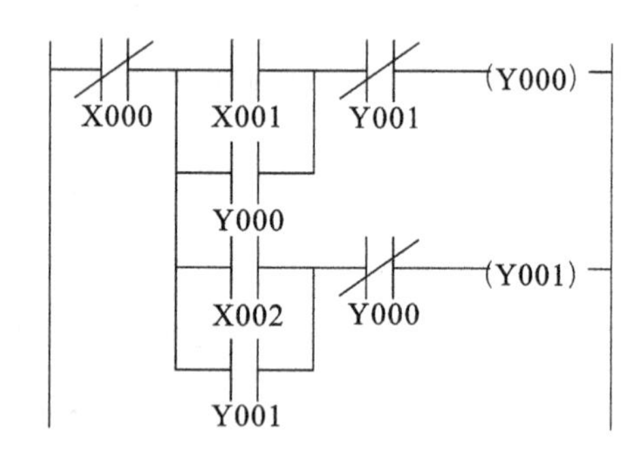

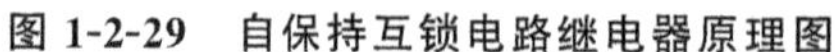

图 1-2-29　自保持互锁电路继电器原理图

图 1-2-30　自保持互锁电路等效 PLC 梯形图

互锁关键:J0 继电器的常闭触点在 J1 主回路中,J1 继电器的常闭触点在 J0 主回路中。

工作原理:

J0 动作→按下常开按钮 1→继电器线圈 J0 得电→J0 常开触点闭合同时自锁→J0 常闭触点断开,同时锁定 J1 不能接通;

停止动作→松开常闭按钮 0→继电器线圈 J0 失电→J0 常开触点断开时解锁→电路恢复初始状态;

J1 动作→按下常开按钮 2→继电器线圈 J1 得电→J1 常开触点闭合同时自锁→J1 常闭触点断开,同时锁定 J0 不能接通。

此电路可用作电机正反转控制等。

2.7.4　先动作优先电路

图 1-2-31 所示为先动作优先电路继电器原理图,图 1-2-32 所示为其等效 PLC 梯形图。

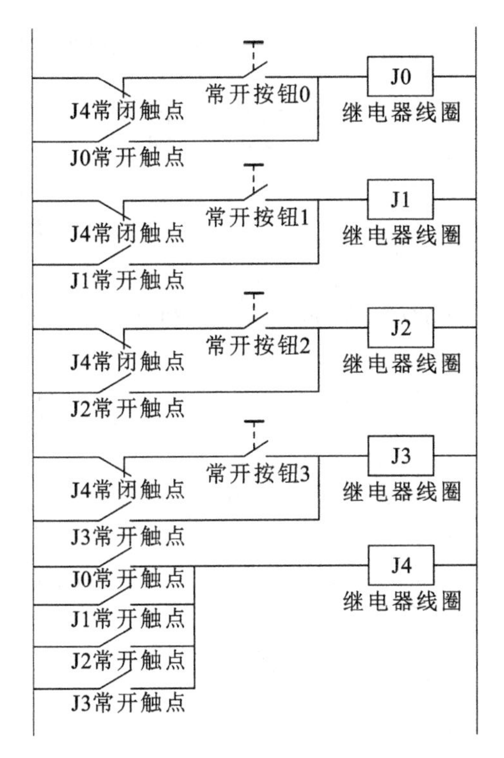

图 1-2-31 先动作优先电路继电器原理图

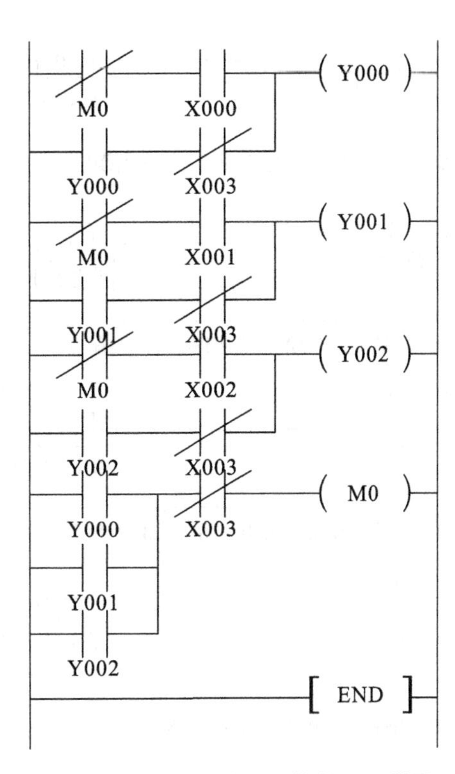

图 1-2-32 先动作优先电路等效 PLC 梯形图

电路关键:最后一个继电器的常闭触点分别在优先电路中分布,并且和常开按钮串联。

在多个输入信号的线路中,以最先动作的信号优先。在最先输入的信号未除去之时,其他信号无法动作。

工作原理:常开按钮 0 到 3 不管哪一个按下,其对应的继电器线圈得电,相应的常开触点闭合自锁,同时 J4 继电器也动作,断开其他 3 组的供电,只要最先得电的继电器不断电,其他继电器就无法动作。

电路应用此电路只要在电源输入端加一个复位开关,可做抢答器用。

2.7.5 后动作优先电路

后动作优先电路:在多个输入信号的线路中,以最后动作的信号优先,前面动作所决定的状态自行解除。

图 1-2-33 所示为后动作优先电路继电器原理图,图 1-2-34 所示为其等效 PLC 梯形图。

工作原理:在电路通电的任何状态按下常开按钮 0 到 3 时,对应的继电器线圈得电,其相应的常闭触点断开,同时解除其他线圈的自锁(自保持)状态。此电路可在电源输入端加一个复位常闭开关,可作程序选择、生产过程的顺序控制电路等。

课后习题:

(1) 闸刀开关在安装时,为什么不得倒装?如果将电源线接在闸刀下端,有什么问题?

(2) 哪些低压电器可以保护线路的短路?

(2) 常用的低压熔断器有哪些类型?

(4) 断路器有哪些保护功能?

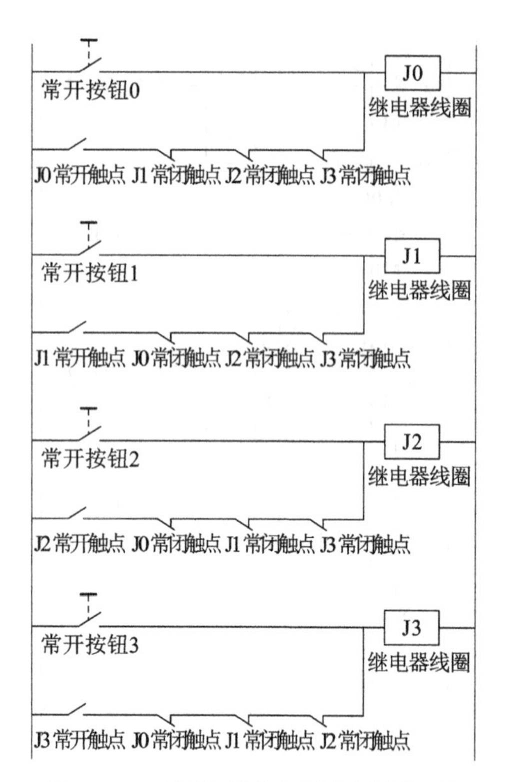

图 1-2-33　后动作优先电路继电器原理图

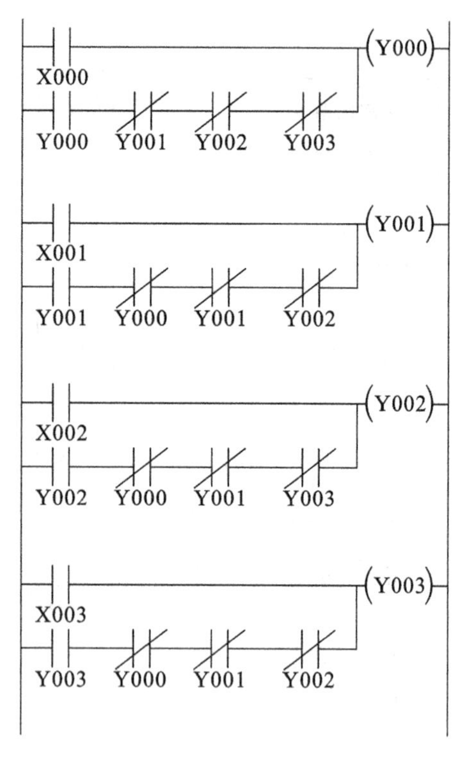

图 1-2-34　后动作优先电路等效 PLC 梯形图

(5) 用一个万能转换开关测量三相电源的线电压，如图 1-2-35 所示，问在 1、2、3、4 位，电压表所测得的是什么电压?

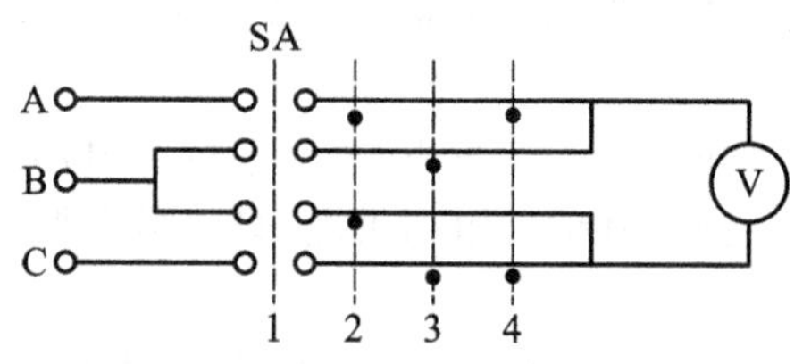

图 1-2-35　三相电压测量电路

(6) 在可编程控制器中常用到 BCD 码数字开关，它有 4 个接点开关，共有 10 个位置，每个位置分别表示一个数字，如图 1-2-36 所示。试分析它是如何表示 10 个数字的。

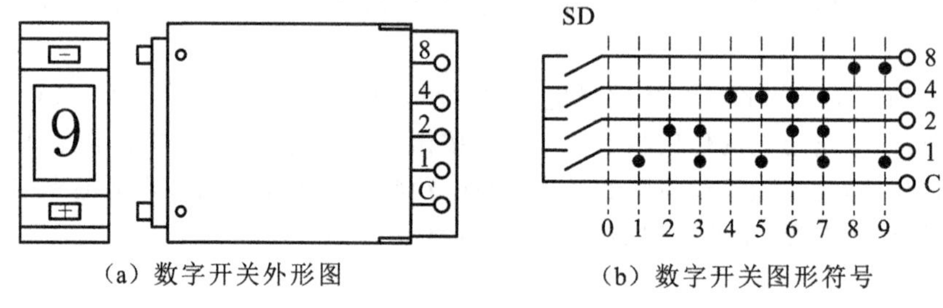

(a) 数字开关外形图　　(b) 数字开关图形符号

图 1-2-36　BCD 码数字开关

(7) 一个继电器的返回系数 $K=0.85$，吸合值为 100 V，问释放值为多少?

(8) 空气阻尼式时间继电器的通电延时型电磁机构和断电延时型电磁机构相同吗? 通电延时型时间继电器可以改为断电延时型时间继电器吗?

(9) 热继电器在电路中起什么作用? 其工作原理是什么? 热继电器接点动作后，能否自动复位?

(10) 按钮和行程开关有什么不同? 各起什么作用?

第 3 章

GE PAC RX 3i 平台

GE Fanuc 在 2003 年推出了最新的 PAC 解决方案。PACSystems 包括 RX7i 和 RX3i。

PAC 的概念是由 ARC 咨询集团的高级研究员 Craig Resnick 提出的，其英文全称为 programmable automation controller。

PAC 系统与传统 PLC 的显著区别：

(1) 一套控制系统可以满足多领域控制；

(2) PAC 系统之间的程序可以相互移植；

(3) 一个开发平台(Proficy ME)，满足多领域自动化系统设计和集成的需求。

3.1 GE PAC 系列产品简介

GE Fanuc 从事自动化产品的开发和生产已有数十年的历史，其产品包括 90-30、90-70、VersaMax 系列等。GE Fanuc 在世界上率先推出 PAC 系统，作为新一代控制系统，PAC 系统以其无与伦比的性能和先进性引导着自动化产品的发展方向。

从紧凑经济的小型可编程逻辑控制器(PLC)到先进的可编程自动化控制器(PAC)和开放灵活的工业 PC，GE Fanuc 有各种各样现成的解决方案，满足确切的需求。这些灵活的自动化产品与单一的、强大的软件组件集成在一起，该软件组件为所有的控制器、运动控制产品和操作员接口/ HMI 提供通用的工程开发环境，因此相关的知识和应用可无缝隙地移植到新的控制系统上，可以从一个平台移植到另一个平台，并且一代一代地进行扩展。GE Fanuc 工控产品结构如图 1-3-1 所示。

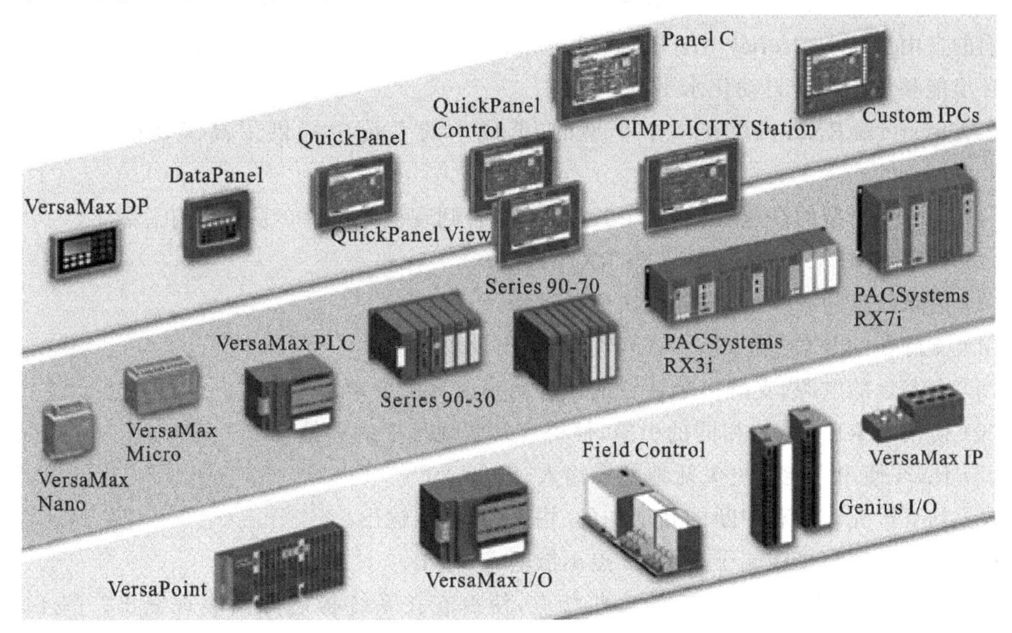

图 1-3-1　GE Fanuc 工控产品结构

3.2 GE PAC RX3i 平台特点

PACSystems RX3i 控制器是创新的可编程自动化控制器 PACSystems 家族中最新增加的部件，它是中、高端过程和离散控制应用的新一代控制器。如同家族中的其他产品一样，PACSystems RX3i 的特点是具有单一的控制引擎和通用的编程环境，提供应用程序在多种硬件平台上的可移植性和真正的各种控制选择的交叉渗透。使用与 PACSystems RX7i 相同的控制引擎，新的 PACSystems RX3i 在一个紧凑的、节省成本的组件包中提供了高级的自动化功能。PACSystems 的控制引擎在几种不同的平台上都有卓越的表现，使得初始设备制造商和最终用户在应用程序变异的情况下，能选择最适合它们需要的控制系统硬件。PACSystem RX3i 控制器如图 1-3-2 所示。

图 1-3-2 PACSystems RX3i 控制器

PACSystems RX3i 能统一过程控制系统，有了这个可编程自动化控制器解决方案，可以更灵活、更开放地升级或者转换。PACSystems RX3i 价格不昂贵，易于集成，为多平台的应用提供空前的自由度。在 Proficy Machine Edition 的开发软件环境中，它单一的控制引擎和通用的编程环境能整体上提升自动化水平。

PACSystems RX3i 模块在一个小型的、低成本的系统中提供了高级功能，它具有下列优点：

(1) 把一个新型的高速底板(PCI-27MHz)结合到现成的 90-30 系列串行总线上。

(2) 具有 Intel 300MHz CPU(与 RX7i 相同)。

(3) 消除信息的瓶颈现象，获得快速通过量。

(4) 支持新的 RX3i 和 90-30 系列输入、输出模块。

(5) 大容量的电源，支持多个装置的额外功率或多余要求。

(6) 使用与 RX7i 模块相同的引擎，使得容易实现程序的移植。

(7) RX3i 使用户能够更灵活地配置输入、输出。

(8) 具有扩充诊断和中断的新增加的、快速的输入、输出。

(9) 具有大容量接线端子板的 32 点离散输入、输出。

PACSystems RX3i 平台具有的这些特点，使得它在系统扩展方面表现突出。图 1-3-3 是 PACSystems RX3i 控制器外围产品示意图。

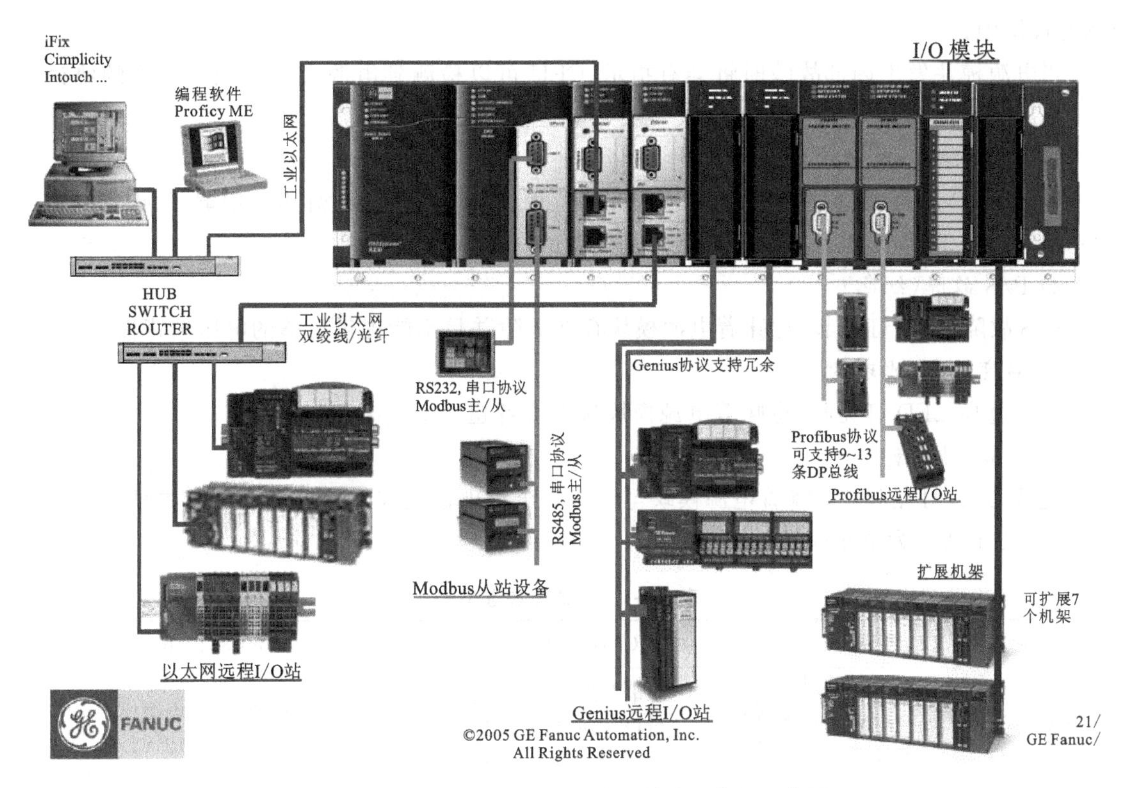

图 1-3-3 PACSystems RX3i 控制器外围产品示意图

3.3 GE PAC RX3i 硬件模块

3.3.1 IC695PSD040 电源模块

RX3i 的电源模块像 I/O 一样简单地插在背板上，并且能与任何标准型号 RX3i CPU 协同工作。每个电源模块具有自动电压适应功能，无须跳线来选择不同的输入电压。电源模块具有限流功能，发生短路时，电源模块会自动关断来避免硬件损坏。RX3i 电源模块与 CPU 性能紧密结合能实现单机控制、失败安全和容错。其他的性能和安全特性包括先进的诊断机制和内置智能开关熔丝。

Demo 演示箱配置的电源为 IC695PSD040 模块，如图 1-3-4 所示。该电源不能与其他 RX3i 电源一起用于电源冗余模式或增加容量模式。它占用一个插槽。如果要求的模块数量超过了电源的负载能力，额外的模块就必须要安装在扩展背板或者远程背板上。

IC695PSD040 电源的输入电压范围是 18 VDC～39 VDC，提供 40 W 的输出功率。

◆ +5.1 VDC 输出；

◆ +24 VDC 继电器输出，可以应用在继电器输出模块上的电源电路；

◆ +3.3 VDC，这种输出只能在内部用于 IC695 产品编号

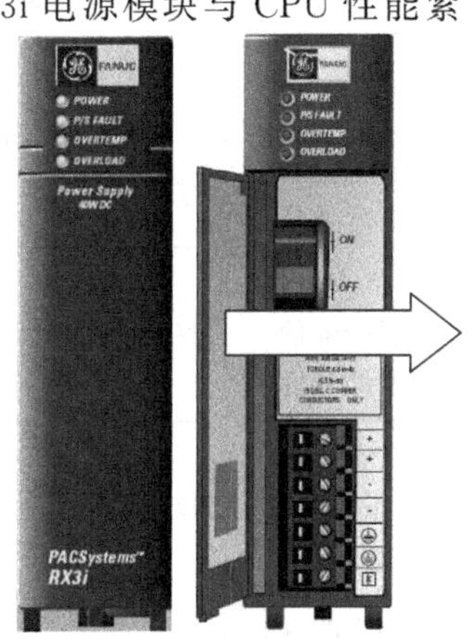

图 1-3-4 IC695PSD040 电源模块

RX3i 模块中。

当电源模块发生内部故障时将会有指示,CPU 可以检测到电源丢失或记录相应的错误代码。电源模块上的四个 LED 灯的简要说明如下。

1) 电源(绿色/琥珀黄)

电源 LED 灯为绿色,意味着电源模块在给背板供电;电源 LED 灯为琥珀黄,意味着电源已加到电源模块上,但是电源模块上的开关是关着的。

2) P/S 故障(红色)

P/S 故障 LED 灯亮起,意味着电源模块存在故障并且不能提供足够的电压给背板。

3) 温度过高(琥珀黄)

温度过高 LED 灯亮起,意味着电源模块接近或者超过了最高工作温度。

4) 过载(琥珀黄)

过载 LED 灯亮起，意味着电源模块至少有一个输出接近或者超过最大输出功率。

表 1-3-1 所示为电源模块选型表。

表 1-3-1　电源模块选型表

模块	IC695PSA040	IC695PSD040	IC694PWR321	IC694PWR330	IC694PWR331	IC693PWR332
产品名称	电源模块,120/240 VAC,125 VDC	电源模块,24 VDC	电源模块,120/240 VAC,125 VDC	电源模块,120/240 VAC,125 VDC	电源模块,24 VDC	电源模块,12 VDC
电源	100～240 VAC 或 125 VDC	24 VDC	100～240 VAC 或 125 VDC	100～240 VAC 或 125 VDC	24 VDC	12 VDC
高容量	是	是	否	是	是	是
输出容量	总共 40 瓦,3.3 VDC 下最大为 30 瓦,5 VDC 下最大为 30 瓦,24 VDC 继电器下最大为 40 瓦,无隔离 24 VDC	总共 40 瓦,3.3 VDC 下最大为 30 瓦,5 VDC 下最大为 30 瓦,24 VDC 继电器下最大为 40 瓦,无隔离 24 VDC	总共 30 瓦,24 VDC 继电器下为 15 瓦,隔离的 24 VDC 下为 20 瓦	总共 30 瓦,5 V 下为 30 瓦,24 V继电器下为 15 瓦,隔离的 24 VDC 下为 20 瓦	总共 30 瓦,5 V 下为 30 瓦,24 V继电器下为 15 瓦,隔离的 24 VDC 下为 20 瓦	总共 30 瓦,5 V 下为 30 瓦,24 V 继电器下为 15 瓦,隔离的 24 VDC 下为 20 瓦
支持冗余电源数量	N/A	N/A	N/A	N/A	N/A	N/A
到冗余电源适配器的电缆长度	N/A	N/A	N/A	N/A	N/A	N/A
冗余电源适配器机架兼容性	N/A	N/A	N/A	N/A	N/A	N/A
24 VDC 输出电流容量			0.8 A	0.8 A	0.8 A	0.8 A

3.3.2 IC695CPU315 CPU 模块

高性能的 CPU 是基于最新技术的具有高速运算和高速数据吞吐的处理器。控制器在多种标准的编程语言下能处理高达 32K 的 I/O。这个强大的 CPU 依靠 300 MHz 的处理器和 10Mbytes 的用户内存能轻松地完成各种复杂的应用。RX3i 支持多种 IEC 语言和 C 语言，使得用户编程更加灵活。RX3i 广泛的诊断机制和带电插拔能力增加了机器周期运行时间，减少停机时间，用户能存储大量的数据，减少外围硬件花费。

RX3iDemo 箱中配置的 CPU 模块为 IC695CPU315 模块，如图 1-3-5 所示。

RX3i CPU 有一个 300 MHz 处理器，支持 32K 数字输入、32K 数字输出、32K 模拟输入、32K 模拟输出，最大达 5 兆字节的数据存储，有 10 兆字节全部可配置的用户存储器，这意味着用户能够在 CPU 中存储所有的机器文件。

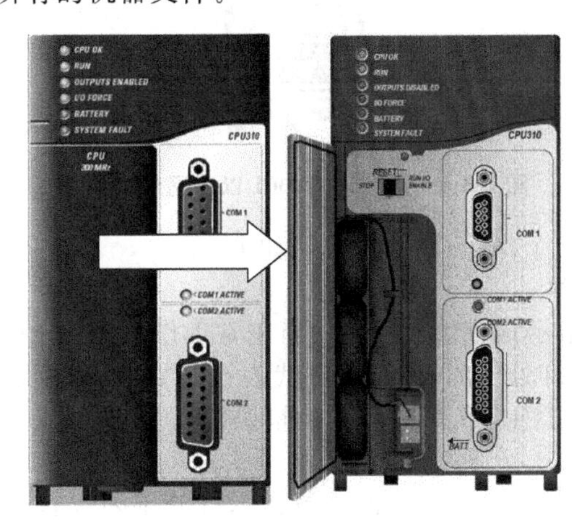

图 1-3-5 IC695CPU315 CPU 模块

CPU 能够支持多种语言，包括：

(1) 继电器梯形图语言；

(2) 指令表语言；

(3) C 编程语言；

(4) 功能块图；

(5) Open Process；

(6) 用户定义的功能块；

(7) 结构化文本；

(8) SFC；

(9) 符号编程。

RX3i CPU 有 2 个串行端子，即一个 RX-232 端口和一个 RS-485 端口，它们支持无中断的 SNP 从、串行读/写和 Modbus 协议。

RX3i CPU 具有一个三挡位置的转换开关(运行、禁止、停止)，有一个内置的热敏传感器。

3.3.3 IC695ETM001 以太网通信模块

RX3iDemo 箱中配置的以太网通信模块为 IC695ETM001 模块，用来连接 PAC 系统 RX3i 控制器至以太网，如图 1-3-6 所示。RX3i 控制器通过该模块能够与其他 PAC 系统和 90 系列、VersaMax 控制器进行通信。以太网接口模块提供与其他 PLC、运行主机通信工具包或编程器软件的主机和运行 TCP/IP 版本编程软件的计算机的连接。这些通信在一个 4 层 TCP/IP 栈上使用 GE Fanuc SRTP 和 EGD 协议。

以太网接口模块有两个自适应的 10Base T/100Base TX RJ-45 屏蔽双绞线以太网端口，用来连接 10BaseT 或者 100BaseTX IEEE 802.3 网络中的任意一个。这个接口能够自动检测速度，双工模式(半双工或全双工)和与之连接的电缆(直行或者交叉)，而不需要外界的干涉。

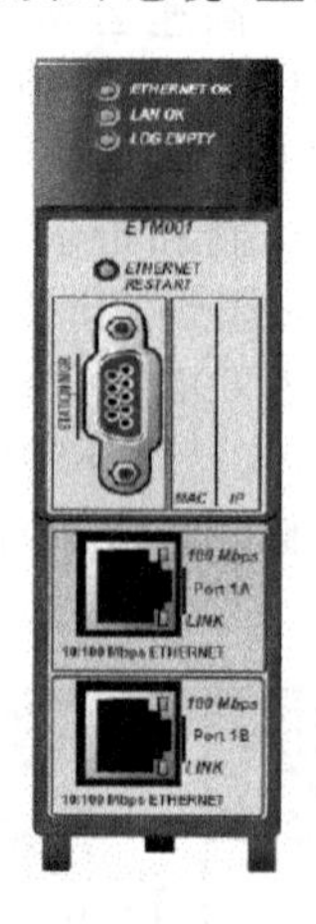

图 1-3-6 IC695ETM001 以太网通信模块

以太网通信模块上有七个指示灯，简要说明如下。

1) Ethernet OK 指示灯

Ethernet OK 指示灯指示该模块是否能执行正常工作。该指示灯处于开状态，表明设备处于正常工作状态；如果指示灯处于闪烁状态，则代表设备处于其他状态。假如设备运行时有错误发生，Ethernet OK 指示灯闪烁次数表示两位错误代码。

2) LAN OK 指示灯

LAN OK 指示灯指示是否连接以太网。该指示灯处于闪烁状态，表明以太网接口正在直接从以太网接收数据或发送数据。如果指示灯一直处于亮状态，这时以太网接口正在访问以太网，但以太网物理接口处于可运行状态，并且一个或者两个以太网端口都处于工作状态。其他情况下 LED 灯均为熄灭，除非正在进行软件下载。

3) Log Empty 指示灯

在正常运行状态下 Log Empty 指示灯呈亮状态，如果有事件被记录，该指示灯呈“熄灭”状态。

4) 两个以太网激活指示灯(LINK)

两个以太网激活指示灯(LINK)指示网络连接状况和激活状态。

5) 两个以太网速度指示灯(100Mbps)

两个以太网速度指示灯(100Mbps)指示网络数据传输速度(10 (熄灭) 或者 100 Mb/sec (亮))。

表 1-3-2 所示为通信模块选型表。

表 1-3-2 通信模块选型表

模块	IC695ETM001	IC694BEM331	IC695PBM300	IC695PBS301
产品名称	PACSystems RX3i 以太网接口模块 TCP/IP10/100Mbits，2 个 RJ-45 端口内置交换机	PACSystems RX3i Genius 总线控制器	PACSystems RX3i Profibus DP Master 模块	PACSystems RX3i Profibus DP Slave 模块
模块类型	以太网接口模块	Genius 总线控制器	Profibus DP Master，支持 Profibus DP-VI	Profibus DP Slave，支持 Profibus DP-VI
内部电源使用	840mA @ 3.3VDC；614mA@5VDC	<300mA@5VDC	440mA@3.3VDC	
参考手册	GFK-2224B	GFK-1034	GFK-2301	GFK-2301

3.3.4 IC694ACC300 输入模拟器模块

IC694ACC300 输入模拟器模块，可以用来模拟 8 点或 16 点的开关量输入模块的操作状态，其实物如图 1-3-7 所示。输入模拟器模块可以用来代替实际的输入，直到程序或系统调试好，也可以永久地安装到系统，用于提供 8 点或 16 点条件输入接点，用来人工控制输出设备。在模拟输入模块安装之前，在模块的背后有一开关可以用来设置模拟输入点数是 8 点还是 16 点。当开关设置为 8 个输入点时，只有模拟输入模块前面的上面 8 个拨动开关可以使用；当开关设置为 16 个输入点时，模拟输入模块前面的 16 个拨动开关均可以使用。

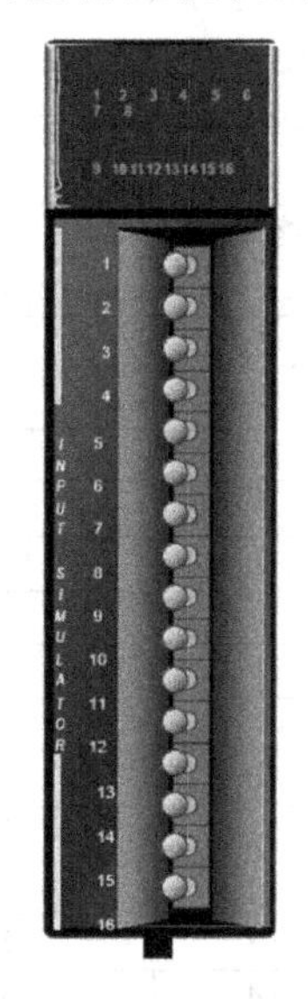

图 1-3-7 IC694ACC300 输入模拟器模块

在数字量输入模块前面的拨动开关可以模拟开关量输入设备的运行，开关处于 ON 位置时会在输入状态表(%I)中产生一个逻辑 1。

单独的绿色发光二极管灯表明每个开关所处的 ON/OFF 位置。这个模块可以安装到 RX3i 系统的任何的 I/O 槽中。

技术参数如下。

每个模块的输入点数：8 或 16(开关选择)。

OFF 响应时间： 20 毫秒(最大)。

ON 响应时间： 30 毫秒(最大)。

内部功耗： 120mA (所有输入开关在 ON 位置，由背板上 5 V 电压纵向提供)。

3.3.5 IC694MDL645 数字输入模块

IC694MDL645 数字输入模块提供一组共用一个公共端的 16 个输入点，如图 1-3-8 所示。该模块既可以接成共阴回路，又可以接成共阳回路，这样在硬件接线时就非常灵巧方便。图 1-3-8所示为 IC694MDL645 数字输入模块示意图及其相关参数。

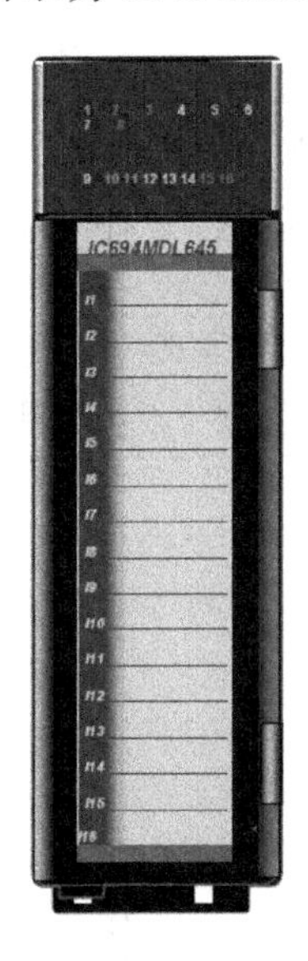

参　　量	指　　标
额定电压	24VDC
输入电压范围	0~+30VDC
每个模块的输入点数	16（一组共用一个公共端）
输入电流	7 mA 在额定电压下
ON—状态电压	11.5~+30 V直流电
OFF—状态电压	0~+5 V直流电
ON—状态电流	3.2 mA 最小值
OFF—状态电流	1.1 mA 最大值
ON—响应电流	7 ms 典型
OFF—响应电流	7 ms 典型
功耗：5 V	80 mA 由背板 5 V 总线提供
功耗：24 V	125 mA 由隔离的 24 V 背板总线提供或由用户提供电源

图 1-3-8 IC694MDL645 数字输入模块示意图及其相关参数

输入特性兼容宽范围的输入设备,例如按钮、限位开关、电子接近开关,电流输入到一个输入点会在输入状态表(%I)中产生一个逻辑 1。现场设备可由外部电源供电。

在模块上方配置 16 个绿色的发光二极管灯指示着由输入 1 到输入 16 的开/关状态。标签上的蓝条表明 MDL645 是低电压模块。这个模块可以安装到 RX3i 系统的任何 I/O 槽中。

在本系统中,用该模块采集仓储系统中传感器及按钮等信号,图 1-3-9 所示为 IC694MDL645 的现场接线。

终端	连接状态
1	输入点1~16的公共端
2	输入点1
3	输入点2
4	输入点3
5	输入点4
6	输入点5
7	输入点6
8	输入点7
9	输入点8
10	输入点9
11	输入点10
12	输入点11
13	输入点12
14	输入点13
15	输入点14
16	输入点15
17	输入点16
18	用于输入设备的24VDC端
19	用于输入设备0V端
20	没有连接

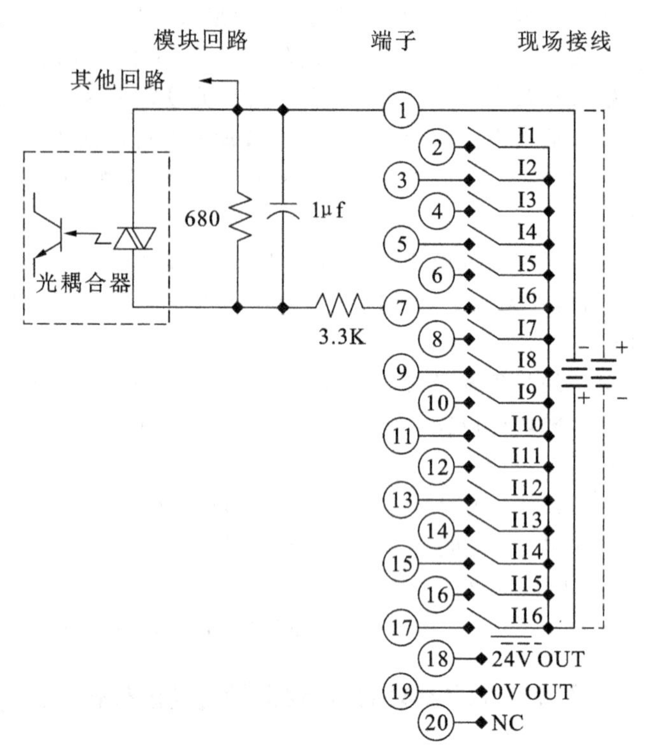

图 1-3-9　IC694MDL645 数字量输入模块现场接线

表 1-3-3 所示为数字输入模块选型表。

表 1-3-3　数字输入模块选型表

模块	IC694MDL634	IC694MDL645	IC694MDL646	IC694MDL654	IC694MDL655
产品名称	PACSystems RX3i 直流电压输入模块,24VDC 正/负逻辑,8 点输入	PACSystems RX3i 直流电压输入模块,24VDC 正/负逻辑,16 点输入	PACSystems RX3i 直流电压输入模块,24VDC 正/负逻辑,快速响应,16 点输入	PACSystems RX3i 直流电压输入模块,5/12VDC(TTL)正/负逻辑,32 点输入	PACSystems RX3i 直流电压输入模块,24VDC 正/负逻辑,32 点输入
电源类型	直流	直流	直流	直流	直流
模块功能	输入	输入	输入	输入	输入
输入电压范围	0~30 VDC	0~30 VDC	0~30 VDC	0~15 VDC	0~30 VDC
输入电流/mA	7	7	7	3.0@5V,8.5@12V	7

续表

点数	8	16	16	32	32
每点负载电流	N/A	N/A	N/A	N/A	N/A
响应时间/ms	7 开/7 关	7 开/7 关	1 开/1 关	1 开/1 关	2 开/2 关
触发电压/V	11.5～30	11.5～30	11.5～30	4.2～15	11.5～30
共地点数	8	16	16	8	8
连接器类型	接线端子	接线端子	接线端子	Fujisu 连接器	Fujisu 连接器
内部电源使用	45mA@5VDC；62mA@24VDC 隔离	80mA@5VDC；125mA@24VDC 隔离	80mA@5VDC；125mA@24VDC 隔离	5VDC～195mA@5VDC；12VDC～400mA@5VDC	195mA@5VDC

3.3.6 IC694MDL754 数字输出模块

IC694MDL754 数字输出模块提供两组(每组 16 个)共 32 个输出点。每组有一个共用的电源输出端。这种输出模块具有正逻辑特性，它向负载提供的源电流来自用户共用端或者到正电源总线。输出装置连接在负电源总线和输出点之间。这种模块的输出特性兼容很广的负载，例如电动机、接触器、继电器、BCD 显示和指示灯。用户必须提供现场操作装置的电源。每个输出端用标有序号的发光二极管显示其工作状态(ON/OFF)。这个模块上没有熔断器。

标签上蓝条表示 MDL754 是低电压模块，这种模块可以安装到 RX3i 系统中的任何 I/O 插槽。其实物如图 1-3-10 所示。

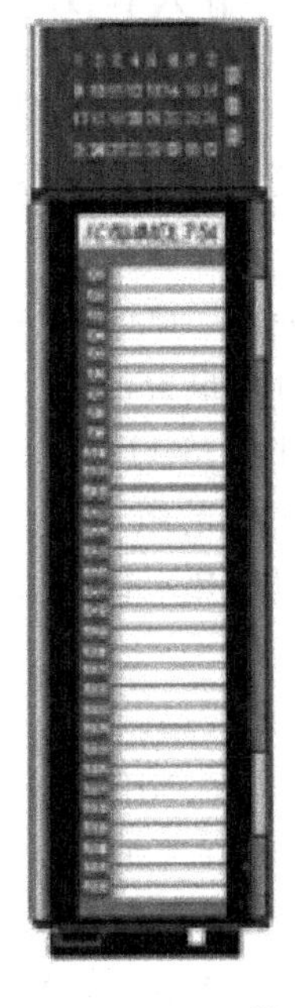

图 1-3-10　IC694MDL754 数字输出模块

表 1-3-4 所示为数字输出模块选型表。

表 1-3-4 数字输出模块选型表

模块	IC694MDL742	IC694MDL752	IC694MDL753	IC694MDL930	IC694MDL754
产品名称	PACSystems RX3i 直流电压输出模块,12/24 VDC 正逻辑 ESCP,1A,16 点输出	PACSystems RX3i 直流电压输出模块,5/24 VDC(TTL)负逻辑,0.5A,32 点输出	PACSystems RX3i 直流电压输出模块,12/24 VDC 正逻辑,0.5A,32 点输出	PACSystems RX3i 交流/直流电压输出模块,继电器,N.O.,4A 隔离,8 点输出	PACSystems RX3i 直流电压输出模块,12/24VDC,带 ESCP
电源类型	直流	直流	直流	混合	直流
模块功能	输出	输出	输出	输出	输出
输出电压范围	12~24VDC	5,12~24VDC	12~24VDC	5~250VAC,5~30VDC	12~24VDC
点数	16	32	32	8	32
隔离	N/A	N/A	N/A	N/A	
每点负载电流	10A	0.5A(12/24V) 0.25(TTL)	0.5A	4A(阻性负载)	
响应时间/ms	2 开/2 关	0.5 开/0.5 关	0.5 开/0.5 关	15 开/15 关	
输出类型	晶体管	晶体管	晶体管	继电器	
极性	正	负	正	N/A	
共地点数	8	8	8	1	
连接器类型	接线端子	Fujitsu 连接器	Fujitsu 连接器	接线端子	接线端子(需单订) IC694TBB032(盒型) 或 IC694TBS032(弹簧)
内部电源使用	130mA@5VDC	260mA@5VDC	260mA@5VDC	6mA@5VDC;70mA@24VDC 继电器	

3.3.7 IC695ALG600 模拟输入模块

IC695ALG600 模拟输入模块提供 8 通道通用模拟量输入模块,它能提供前所未有的灵活性,并且为用户节省开支。模拟量输入模块使用户能在每个通道的基础上配置电压、热电偶、电流、RTD 和电阻输入。它有 30 多种类型的设备可以在每个通道的基础上进行配置。除了能提供灵活的配置,通用模拟量输入模块还提供广泛的诊断机制,如断路,变化率,高、高/高、低、低/低、未到量程和超过量程等各种报警。每种报警都会产生控制器中断。

通用模拟量模块 IC695ALG600(见图 1-3-11)提供 8 个通用的模拟量输入通道和 2 个冷端温度补偿(CJC)通道。输入端分成两个相同的组,每组有 4 个通道。通过使用 Machine Edition 的软件,可以独立配置通道:多达 8 个电压、热电偶、电流、RTD 和电阻输入的通道,可以进行任意组合。

热电偶输入:B、C、E、J、K、N、R、S、T。

RTD 输入:PT 385 / 3916、N 618 / 672、NiFe 518、CU 426。

电阻输入:0 到 250 / 500 / 1000 / 2000 / 3000 / 4000 Ohms。

电流:0~20 mA、4~20 mA、±20 mA。

电压:±50mV、±150 mV、0~5V、1~5V、0~10V、±10V。

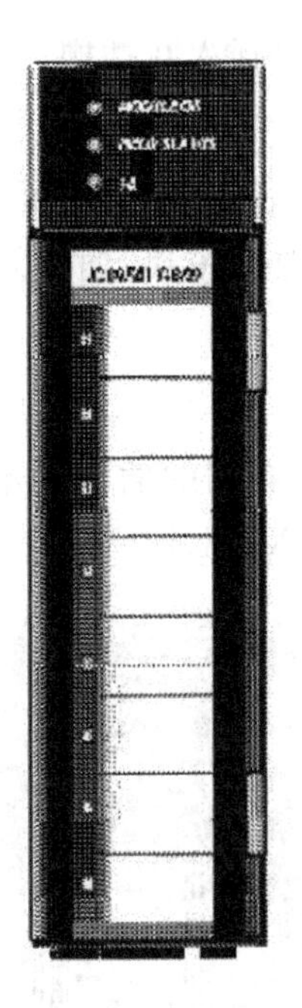

图 1-3-11 IC695ALG600 模拟输入模块

3.3.8 底板

有两种通用背板可以用于 RX3i PAC 系统:16 插槽的通用背板(IC695CHS016)和 12 插槽的通用背板(IC695CHS012)。Demo 箱用的是 12 插槽的通用背板,其示意图及相关功能如图 1-3-12 所示。

绝大多数的模块占用一个插槽,一些模块例如 CPU 模块以及交流电源,两倍宽,占用两个插槽。

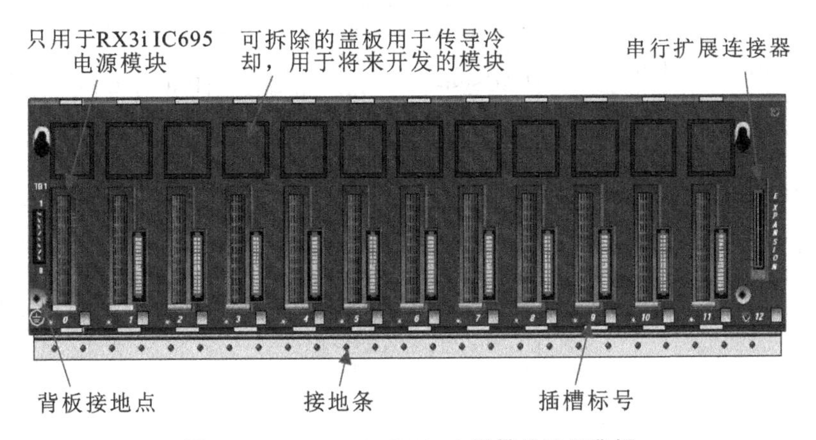

图 1-3-12 IC695CHS012 12 插槽的通用背板

1. 插槽

通用背板最左侧的插槽是 0 插槽。只有 IC695 电源的背板连接器可以插在 0 插槽上(注意:IC695 电源可以装在任何插槽内)。然而,两个插槽宽的模块的连接器在模块底部右边,如 CPU310,可以插入 1 插槽连接器并盖住 0 插槽。在配置以及用户逻辑应用软件中的槽号是参照 CPU 占据插槽的左边插槽的槽号。例如,如果 CPU 模块装在 1 插槽,而 0 插槽同样被模块占据，考虑配置和逻辑，CPU 就被认为是插入 0 插槽。

2. 1 插槽到 11 插槽

从 1 插槽到 11 插槽，每槽有两个连接器，一个用于 RX3i PCI 总线，另一个用于 RX3i 串行总线。每个插槽可以接受任何类型的兼容模块，如 IC695 电源、IC695CPU 或者 IC695、IC694 以及 IC693 I/O 或选项模块。

3. 扩展插槽(12 插槽)

如图 1-3-13 所示，通用背板上的最右侧的插槽有不同于其他插槽的连接器，它只能用于 RX3i 串行扩展模块(IC695LRE001)，RX3i 双插槽模块不能占用该扩展插槽。

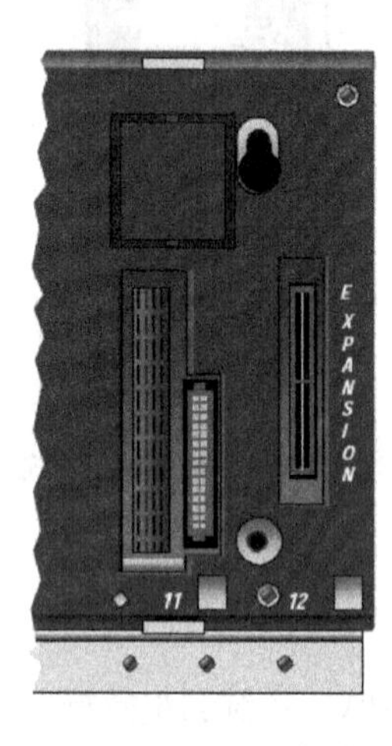

图 1-3-13 扩展插槽

表 1-3-5 所示为底板选型表。

表 1-3-5 底板选型表

模块	IC695CHS016	IC695CHS012	IC694CHS392	IC693CHS393	IC694CHS398	IC693CHS399
产品名称	PACSystems RX3i 16 槽高速控制器背板支持 PCI 总线和串行总线	PACSystems RX3i 12 槽高速控制器背板支持 PCI 总线和串行总线	PACSystems RX3i 串行 10 槽扩展背板(只支持串行总线)	PACSystems RX3i 串行 10 槽远程扩展背板(只支持串行总线)	PACSystems RX3i 串行 5 槽扩展背板(只支持串行总线)	PACSystems RX3i 串行 5 槽远程扩展背板(只支持串行总线)
背板选择	控制器背板	控制器背板	扩展背板	扩展背板	扩展背板	扩展背板
距离	N/A	N/A	可达 50 英尺	可达 700 英尺	可达 50 英尺	可达 700 英尺
背板槽数量	16	12	10	10	5	5
尺寸(宽×高×深)/mm^3	23.7×5.12×5.80 (601.98×130.04×147.32)	18.01×5.12×5.80 (457.5×130.04×147.32)	17.44×5.12×5.59 (443×130×142)	17.44×5.12×5.59 (443×130×142)	10.43×5.12×5.59 (245×130×142)	10.43×5.12×5.59 (245×130×142)
内部电源使用	600mA@3.3VDC; 240mA@5VDC	600mA@3.3VDC; 240mA@5VDC	150mA@5VDC	460mA@5VDC	170mA@5VDC	480mA@5VDC

3.4 GE PAC 指令系统

3.4.1 数据类型

GE PAC 指令系统的数据类型如表 1-3-6 所示。

表 1-3-6 GE PAC 指令系统的数据类型

Type	Name	Description	Data Format
INT	带符号整型	占用 16 位 有效值：−32 768～+32 767	Register 1 [S] 16 1 (16 bit position)
DINT	双精度带符号整型	占用 32 位(两个连续的 16 位寄存器) 有效值：−2 147 483 648～+2 147 483 647	Register 2 Register 1 [S] [ ] 32 17 16 1 (Two's Complement Value)
BIT	位	占用 1 个位寄存器 有效值：1 或 0	
BYTE	字节	占用 8 位 有效值：0～255	
WORD	字	占用 16 位 有效值：0～FFFF	Register 1 [ ] 16 1 (16 bit position)
DWORD	双字	占用 32 位	Register 2 Register 1 [S] [ ] 32 17 16 1 (32 bit States)
BCD-4	4 位二进制压缩编码	每 4 位代表 0～9，共 16 位 有效值：0～9999	Register 1 [4 3 2 1] 16 1 (4 BCD Digits)
REAL	浮点	占用 32 位 有效值：±1.401298E−45～±3.402823E+38	Register 2 Register 1 [S] [ ] 32 17 16 1 (Two's Complement Value)

S=Sign bit(0=positive，1=negative)

3.4.2 PAC 存储区域

GE PAC 系统设置众多存储区域,最多可支持 32K DI、32K DO、32K AI、32K AO,且各个存储区通过编程软件可以灵活调配,满足工程实际需要。

系统还设置 M 存储区域、R 存储区域等内部存储区域。

在 Default Tables 子目录下,对以下存储区域可选。

%AI:模拟量输入存储区域。

%AO:模拟量输出存储区域。

%G:Genius 通信专业存储区域。

%I:数字量输入存储区域。

%Q:数字量输出存储区域。

%M:内部存储区域。

%R:数据寄存器存储区域。

%S:系统状态存储区域。

%T:临时变量存储区域。

GE PLC 地址表示形式如下:

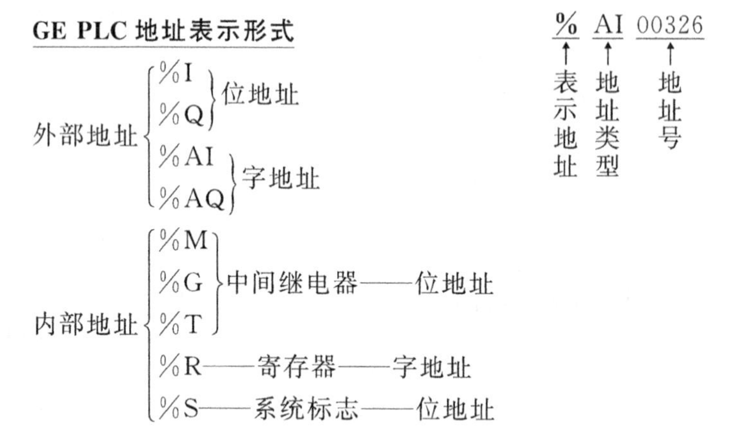

3.4.3 GE PAC 指令分类

1) 按形式分

按形式分,GE PAC 指令可以分为继电器指令和功能模块指令,形式如图 1-3-14 所示。

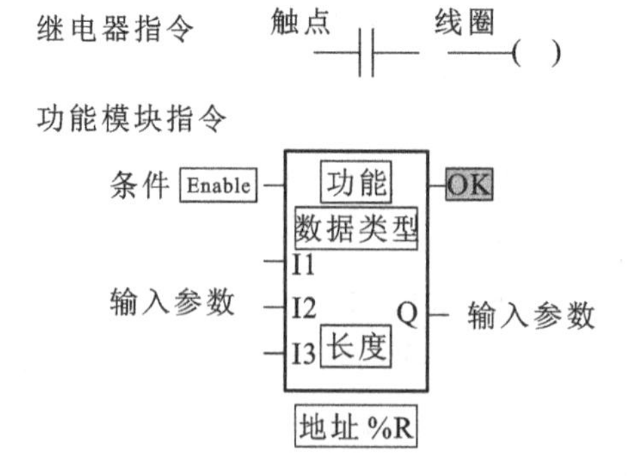

图 1-3-14　GE PAC 指令的形式

2）按功能分

GE PAC 指令的功能可分为继电器功能、定时器/计数器功能、算术运算功能、关系运算功能、位操作功能、数据传送功能、数据表格功能、转换功能、控制功能等。

3.4.4 继电器指令

继电器指令包括触点指令和线圈指令。

1）触点指令

触点指令是对二进制的状态进行测试，测试的结果用于进行逻辑运算。触点指令用来监控继电器参考地址的状态，触点是否有电流流通取决于被控继电器参考地址的状态和触点类型。例如状态“1”或“0”即表明“ ON”或“ OFF”，继电器的触点包含常开、常闭、上升沿、下降沿等常用触点，如表 1-3-7 所示。

表 1-3-7 继电器触点类型及其说明

触点类型	梯形图助记符	触点向右传送能流条件
常开触点（NOCON）	—| |—	当参考变量为 ON 时
常闭触点（NCCON）	—|/|—	当参考变量为 OFF 时
延时触点（CONTCON）	—|+|—	当前面的延时线圈设定为 ON 时
错误标志触点（FAULT）	—|F|—	当参考变量有错误时
无错误标志触点（NOFLT）	—|NF|—	当参考变量无错误时
高报警标志触点（HALR）	—|HA|—	当参考变量超出高报警设置时
低报警标志触点（LALR）	—|LA|—	当参考变量超出低报警设置时
上升沿触点（POSCON）	—|↑|—	当参考变量从 OFF 转为 ON 时
下降沿触点（NEGCON）	—|↓|—	当参考变量从 ON 转为 OFF 时

2）继电器线圈指令

线圈用来控制继电器参考地址的状态，必须用条件逻辑来控制线圈电流的流向；线圈总是处于梯形图逻辑行的最右边，一个梯阶可以包含最多达 8 个线圈。

线圈的类型将根据所需程序作用的类型来选用，当电源为循环通电时或 PAC 由 STOP 模式换到 RUN 模式时，保持线圈的状态便被存储。当电源为循环断电时或 PAC 由 RUN 模式换到 STOP 模式时，保持线圈的状态被置零。继电器线圈包含输出线圈、取反线圈、上升沿线圈、下降沿线圈、置位线圈、复位线圈等，如表 1-3-8 所示。

表 1-3-8　继电器线圈类型及其说明

线圈类型	梯形图助记符	线圈状态	操作结果
常开线圈(Coil)	—( )—	ON	设置参考变量为 ON
		OFF	设置参考变量为 OFF
常闭线圈(NCCoil)	—(/)—	ON	设置参考变量为 OFF
		OFF	设置参考变量为 ON
延时线圈(CONTCoil)	—(+)—	ON	设置下一个延时点为 ON
		OFF	设置下一个延时点为 OFF
正切换线圈(POSCoil)	—(↑)—	从 ON 切换到 OFF	当参考变量为 OFF 时,设置一个扫描周期为 ON
反切换线圈(NEGCoil)	—(↓)—		
置位线圈(SETCoil)	—(S)—	ON	设置参考变量为 ON,直至用复位线圈复位为 OFF
		OFF	线圈状态保持不变
复位线圈(RESECoil)	—(R)—	ON	设置参考变量为 OFF,直至用置位线圈置位为 ON
		OFF	线圈状态保持不变

3.4.5　继电器触点和线圈应用示例

例 1　常开触点、常闭触点的梯形图和波形图如图 1-3-15 所示。

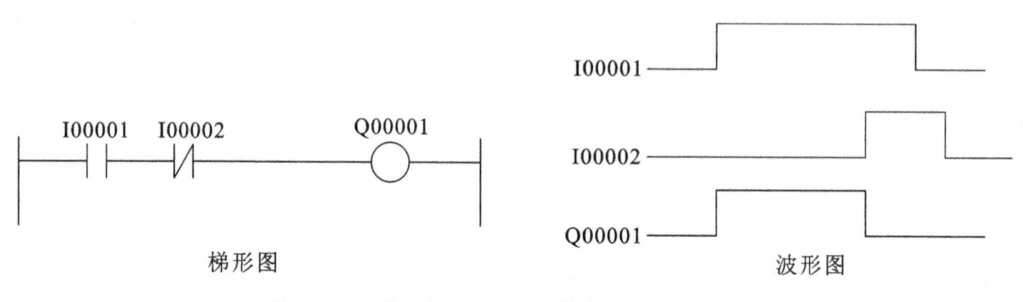

图 1-3-15　常开触点、常闭触点的梯形图和波形图

例 2　复位、置位指令的梯形图和波形图如图 1-3-16 所示。

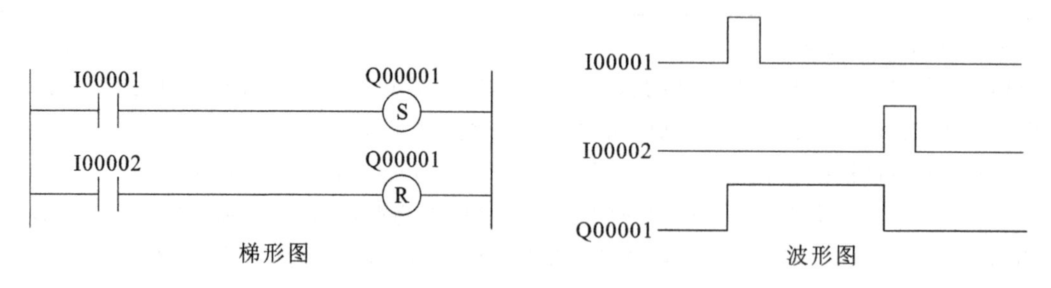

图 1-3-16　复位、置位指令的梯形图和波形图

3.5 定 时 器

GE Fanuc PAC 定时器分为三种类型:接通延时定时器、保持型接通延时定时器、断开延时定时器。

每个定时器需要一个一维的由 3 个字数组排列的%R 存储器,输入的定时器地址为起始地址,从起始地址开始的连续 3 个字分别存储下列信息:

◆ 当前值(CV),存储在字 1;

◆ 预置值(PV),存储在字 2;

◆ 控制字,存储在字 3。

其中字 1 只能读,不能写,字 3 存储定时器的布尔逻辑输入输出状态,如图 1-3-17 所示。

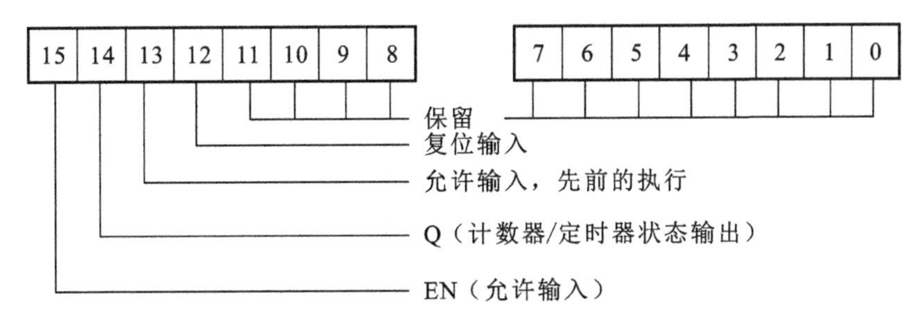

图 1-3-17 定时器存储结构

注意:不能使用 2 个连续的字作为 2 个定时器的起始地址。

时间定时器的时基可以是 1s(sec)、0.1s(tsnths)、0.01s(hunds)、0.001s(thous),预置值的范围为 0~32 767 个时间单位,延时时间 t=预置值×时基。

1) 接通延时定时器(TMR)

(1) 接通延时定时器指令梯形图如图 1-3-18 所示。

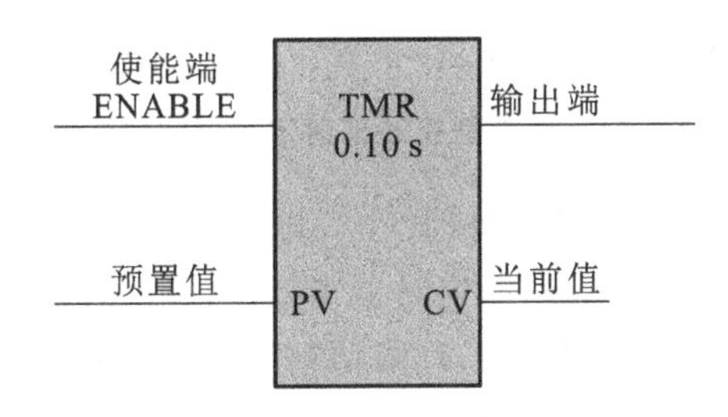

图 1-3-18 接通延时定时器指令梯形图

(2) 接通延时定时器动作波形图如图 1-3-19 所示。

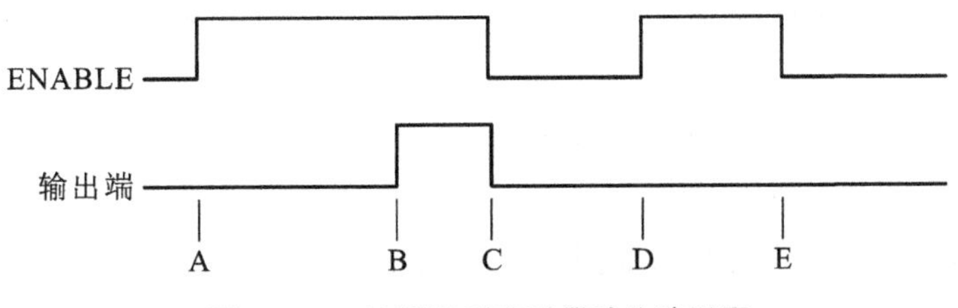

图 1-3-19 接通延时定时器动作波形图

A:当使能端由 0→1 时,定时器开始计时。

B:当计时记到后,输出端置 1,定时器继续计时。

C:当使能端由 1→0 时,定时器停止计时,当前值被清 0。

D:当使能端由 0→1 时,定时器开始计时。

E:当前值没有达到预置值时,使能端由 1→0,输出端仍旧为零,定时器停止计时,当前值被清 0。

2) 保持型接通延时定时器(ONDTR)

(1) 保持型接通延时定时器指令梯形图如图 1-3-20 所示。

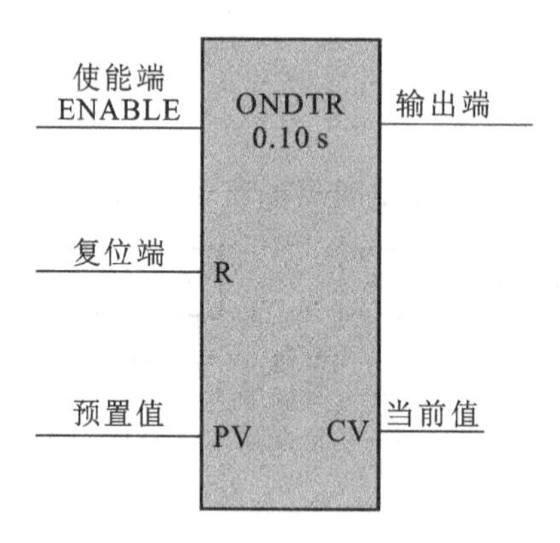

图 1-3-20 保持型接通延时定时器指令梯形图

(2) 保持型接通延时定时器动作波形图如图 1-3-21 所示。

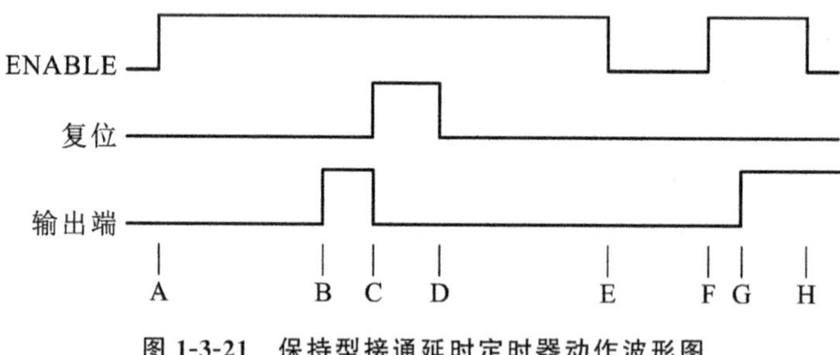

图 1-3-21 保持型接通延时定时器动作波形图

A:当使能端由 0→1 时,定时器开始计时。(高电平有效。)

B:当计时时间计到后,输出端置 1,但定时器仍处于计时状态位。

C:当复位端由 0→1 时,输出端被清 0,计时值被复位。(高电平复位。)

D:当复位端由 1→0,定时器重新开始计时。

E:当使能端由 1→0 时,定时器停止计时,但当前值被保留。

F:当使能端再由 0→1,定时器从前一次保留值开始计时。

G:当计时时间计到后,输出端置 1,定时器继续计时,直到使能端为 0,并复位端为 1 或当前值达到最大值。

H:当使能端由 1→0 时,定时器停止计时,但输出端仍旧为 1。

3) 断开延时定时器(OFDT)

(1) 断开延时定时器指令梯形图如图 1-3-22 所示。

(2) 断开延时定时器动作波形图如图 1-3-23 所示。

A:当使能端由 0→1 时,输出端也由 0→1。

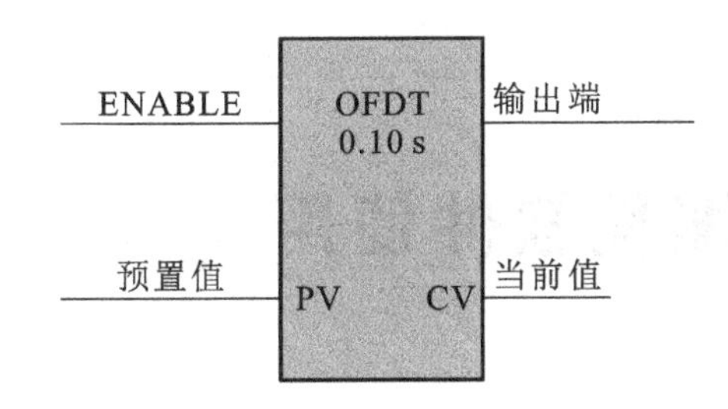

图 1-3-22 断开延时定时器指令梯形图

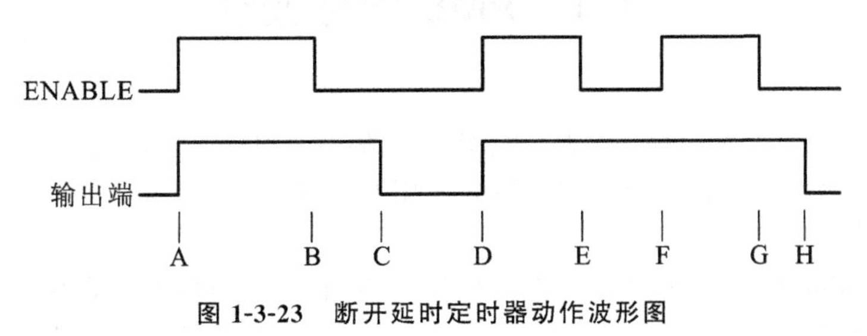

图 1-3-23 断开延时定时器动作波形图

B：当使能端由 1→0 时，定时器开始计时，输出端继续为 1。（低电平有效。）

C：当当前值达到预置值时，输出端由 1→0，定时器停止计时。

D：当使能端再由 0→1 时，定时器复位（当前值被清 0），即输出端也由 0→1。

E：当使能端由 1→0 时，定时器开始计时。

F：当使能端再由 0→1，且当前值不等于预置值时，定时器复位（当前值被清 0，即输出端为 1）。

G：当使能端由 1→0 时，定时器继续计时。

H：当当前值等于预置值时，输出端由 1→0，定时器停止计时。

第 4 章

PME 编程软件使用

4.1 PME 软件概述

Proficy Machine Edition 是一个高级的软件开发环境和机器层面自动化维护环境，是一个适用于人机界面开发、运动控制及控制应用的通用开发环境，它能由一个编程人员实现人机界面、运动控制和执行逻辑的开发。

Proficy Machine Edition 提供一个统一的用户界面、全程拖放的编辑功能及支持项目需要的多目标组件的编辑功能，支持快速、强有力、面向对象的编程。Proficy Machine Edition 充分利用了工业标准技术的优势，如 XML、COM/DCOM、OPC 和 ActiveX。Proficy Machine Edition 包括了基于网络的功能，如它的嵌入式网络服务器，可以将实时数据传输给企业里的任意一个人。Proficy Machine Edition 内部的所有组件和应用程序都共享一个单一的工作平台和工具箱。一个标准化的用户界面会减少学习时间，而且新应用程序的集成不包括对附加规范的学习。

4.1.1 Proficy Machine Edition 组件

(1) Proficy 人机界面：一个专门设计用于全范围的机器级别操作界面/HMI 应用的 HMI。它包括对下列运行选项的支持：

- QuickPanel；
- QuickPanel View(基于 Windows CE)；
- Windows NT/2000/XP。

(2) Proficy 逻辑开发器——PC。PC 控制软件组合了易于使用的特点和快速应用开发的功能。它包括对下列运行选项的支持：

- QuickPanel Control(基于 Windows CE)；
- Windows NT/2000/XP；
- 嵌入式 NT。

(3) Proficy 逻辑开发器——PLC：可对所有 GE Fanuc 的 PLC、PAC Systems 控制器和远程 I/O 进行编程和配置，在 Professional、Standard 及 Nano/Micro 版本中可选。

(4) Proficy 运动控制开发器：可对所有 GE Fanuc 的 S2K 运动控制器进行编程和配置。

4.1.2 PME 软件安装

为了更好地使用 Proficy Machine Edition 软件，编程计算机需要满足下列条件。

1. 软件需要

(1) 操作系统 Windows® NT Version 4.0 with Service Pack 6.0、Windows 2000 Professional、Windows XP Professional、Windows ME 或 Windows 98 SE 均可。

（2）Internet Explorer 5.5 with Service Pack 2。

2. 硬件需要

（1）500MHz 基于奔腾的计算机(建议主频在 1GHz 以上)。

（2）128MB RAM(建议 256M)。

（3）支持 TCP/IP 网络协议计算机。

（4）150～750MB 硬盘空间。

（5）200MB 硬盘空间用于安装演示工程(可选)。

3. Proficy Machine Edition 软件安装步骤

（1）将 Proficy Machine Edition 光盘插入 CD-ROM 驱动器。

通常安装程序会自动启动，如果安装程序没有自动启动，可以通过直接运行光盘根目录下的 setup.exe 来启动。

（2）在安装界面中单击 Install 开始安装程序。

按照屏幕上的指令操作，依次单击“下一步”按钮即可。

（3）产品注册。

在软件安装完成后，会提示产品注册画面，如图 1-4-1 所示。

单击“No”按钮，便仅拥有 4 天的使用权限。若已经拥有产品授权，单击“Yes”按钮，将硬件授权插入计算机的 USB 通信口，就可以在授权时间内使用 Proficy Machine Edition 软件。

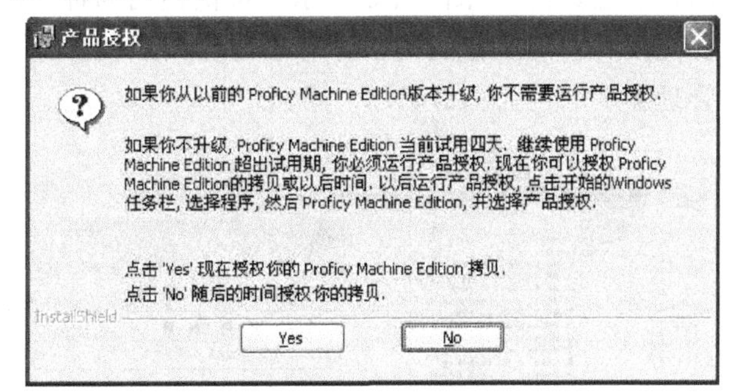

图 1-4-1 软件注册画面

4.1.3 PAC 编程软件的介绍

单击图标进入 Proficy ME 工作界面(见图 1-4-2)，下面简要介绍 Proficy ME 软件工作界面、常用工具等。

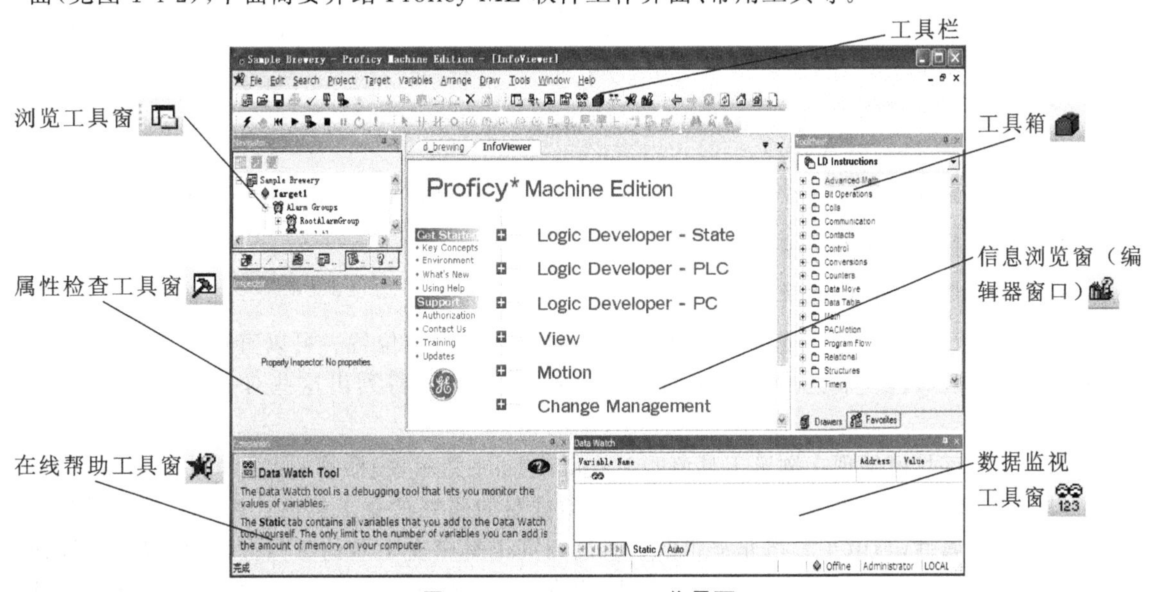

图 1-4-2 Proficy ME 工作界面

1. 工具栏

工具栏主要由几个部分组成，如表 1-4-1 所示。

表 1-4-1　工具栏中的主要工具

图标									
名称	浏览窗口	输入、输出	反馈信息	属性检查	数据监视	工具箱	局域网	在线帮助	信息浏览

2. 浏览(Navigator) 工具窗

Navigator 是一个含有一组标签的工具视窗，它包含系统设置、工程管理、实用工具、变量表四种子工具窗，如图 1-4-3 所示。可供使用的标签取决于安装的 Machine Edition 产品的类型及要开发和管理工作的类型。每个标签按照树形结构分层次地显示信息，类似于 Windows 资源管理器。

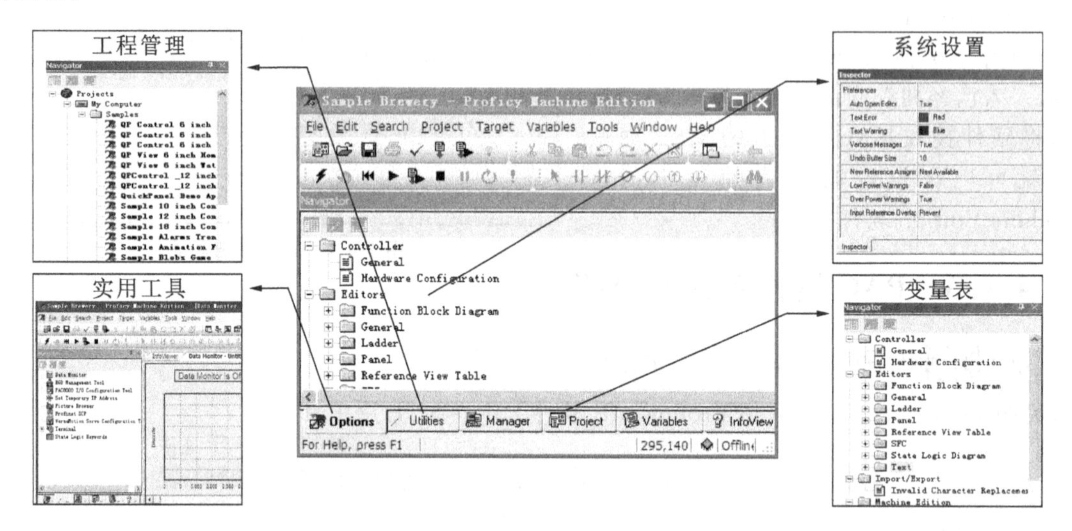

图 1-4-3　Navigator 组件

浏览工具窗的顶部有三个按钮，利用它们可扩展 Property Columns(属性栏)，以便及时地查看和操作若干项属性。

3. 属性检查(Inspector)工具窗

Inspector 工具窗列出已选择的对象或组件的属性和当前位置。可以直接在 Inspector 工具窗中编辑这些属性。若选择了几个对象，Inspector 工具窗将列出这些对象的公共属性，如图 1-4-4所示。

属性检查工具窗呈现在浏览工具窗的 Variable List(变量表)标签的展开图中。通常，在检查窗口中能同时查看和编辑一个选项的属性。浏览器的属性检查工具窗让用户及时查看和修改几个选项的属性，与电子表格非常相似。通过浏览工具窗左上角的工具按钮，可以让属性检查工具窗显示。在浏览工具窗中，单击切换属性检查工具窗显示的“打开”和“关闭”按钮。属性检查工具窗呈现为表格形式。每个单元格显示一个特定变量的属性当前值。

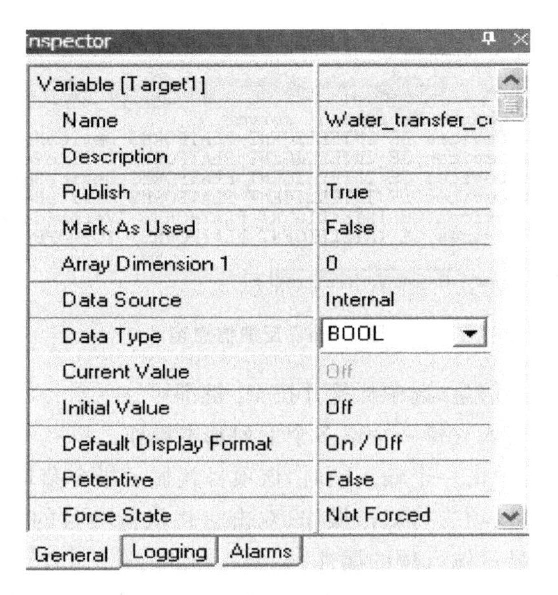

图 1-4-4　Inspector 工具窗界面

Inspector 工具窗提供了对全部对象进行查看和设定属性的方便途径。打开 Inspector 工具窗，可执行以下各项中的一项操作：在菜单栏中选择“Inspector”命令，单击工具栏中的 ，从快捷菜单中选择“Properties”命令。

Inspector 工具窗的左边栏显示已选择对象的属性，在右边栏中编辑和查看属性。

显示红色的属性值是有效的，显示黄色的属性值在技术上是有效的，但是可能产生问题。

4. 在线帮助(Companion)工具窗

Companion 工具窗提供有用的提示和信息。当在线帮助打开时，它可对 ME 环境中当前选择的任何对象提供帮助，如浏览窗口中的一个对象或文件夹、某种编辑器，或者是当前选择的属性工具窗中的属性，如图 1-4-5 所示。

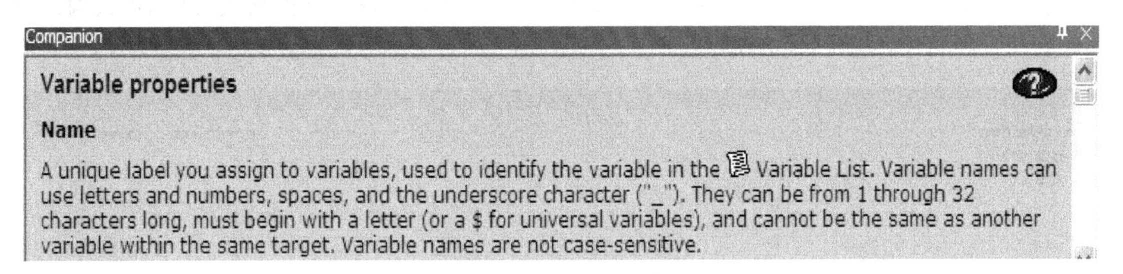

图 1-4-5　在线帮助工具窗

在线帮助工具窗中的内容往往是尖端和缩写的。如果需要更详细的信息，要单击在线帮助工具窗右上角的 按钮，帮助系统的相关主题在信息浏览窗中打开。

有些在线帮助在左边栏中包含主题或程序标题的列表，单击一个标题可以获得持续的简短描述。

5. 反馈信息(Feedback Zone)窗

Feedback Zone 窗是一个用于显示 ME 产品生成的几类输出信息的停放窗口。这种交互式的窗口使用类别标签组织产生的输出信息，有哪些标签可供使用取决于所安装的 ME 产品，如图 1-4-6 所示。

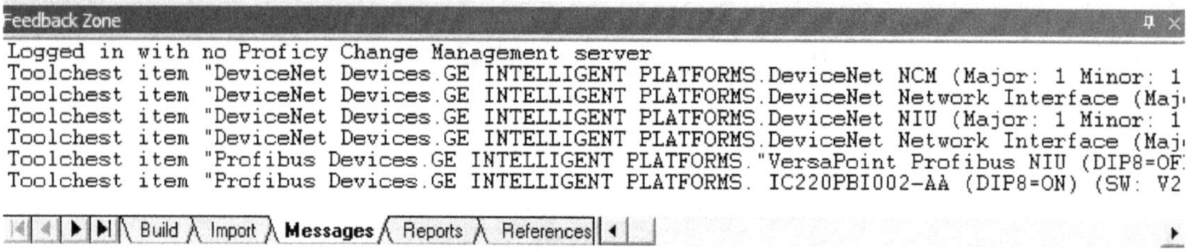

```
Feedback Zone
Logged in with no Proficy Change Management server
Toolchest item "DeviceNet Devices.GE INTELLIGENT PLATFORMS.DeviceNet NCM (Major: 1 Minor: 1
Toolchest item "DeviceNet Devices.GE INTELLIGENT PLATFORMS.DeviceNet Network Interface (Maj
Toolchest item "DeviceNet Devices.GE INTELLIGENT PLATFORMS.DeviceNet NIU (Major: 1 Minor: 1
Toolchest item "DeviceNet Devices.GE INTELLIGENT PLATFORMS.DeviceNet Network Interface (Maj
Toolchest item "Profibus Devices.GE INTELLIGENT PLATFORMS."VersaPoint Profibus NIU (DIP8=OF
Toolchest item "Profibus Devices.GE INTELLIGENT PLATFORMS. IC220PBI002-AA (DIP8=ON) (SW: V2
Build | Import | Messages | Reports | References
```

图 1-4-6　反馈信息窗

想了解特定标签的更多信息,选中标签并按 F1 键即可。

反馈信息窗中标签的输入支持一个或多个下列基本操作。

- 右键单击:当右键单击一个输入项时,该项目就显示指令菜单。
- 双击:如果一个输入项支持双击操作,双击它将执行项目的默认操作。默认操作的例子包括打开一个编辑器和显示输入项的属性。
- F1 键:如果输入项支持与上下文相关的帮助主题,按 F1 键,在信息浏览窗中显示有关输入项的帮助。
- F4 键:如果一个输入项支持双击操作,按 F4 键,输入项循环通过反馈信息窗。若要显示反馈信息窗中以前的信息,按 Ctrl+Shift+F4 组合键。
- 选择:有些输入项被选中后会更新其他工具窗口(属性检查工具窗、在线帮助工具窗或反馈信息窗)。单击一个输入项,选中它,单击工具栏中的 ,将反馈信息窗中显示的全部信息复制到 Windows 中。

6. 数据监视(Data Watch)工具窗

Data Watch 工具窗是一个调试工具,通过它可以监视变量的数值。当在线操作一个对象时,它是一个很有用的工具。

使用数据监视工具,能够监视单个变量或用户定义的变量表。监视列表可以输入、输出或存储在一个项目中,如图 1-4-7 所示。

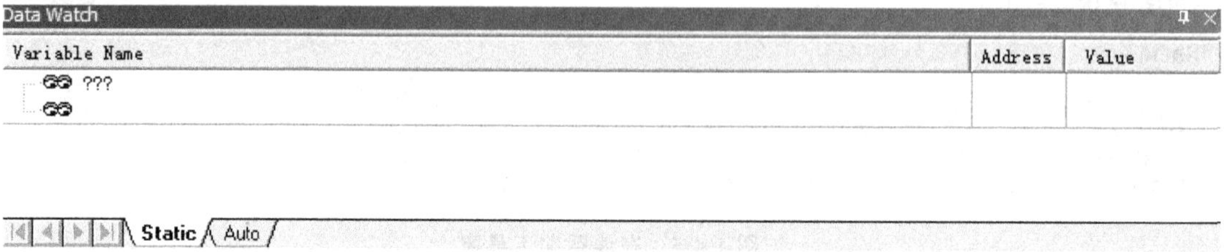

Data Watch

Variable Name	Address	Value
???		

Static | Auto

图 1-4-7　数据监视工具窗

数据监视工具窗中至少有以下两个标签。

- Static (静态) 标签:包含用户添加到数据监视工具窗中的全部变量。
- Auto (动态) 标签:包含当前在变量表中选择的或与当前选择的梯形逻辑图中的指令相关的变量,最多可以有 50 行。

Watch List (监视表)标签包含当前选择的监视表中的全部变量。监视表让用户创建和保存要监视的变量清单。用户可以定义一个或多个监视表,但是,数据监视工具在一个时刻只能监视一个监视表。

数据监视工具中变量的基准地址(也简称地址)显示在 Address 栏中，一个地址最多具有 8 个字符(例如%AQ99999)。

数据监视工具中变量的数值显示在 Value 栏中。如果要在数据监视工具中添加变量之前改变数值的显示格式，可以使用数据监视属性对话框或右键单击变量。

数据监视属性对话框：如要配置数据监视工具的外部特性，右键单击它并选择“Data Watch Properties”命令。

7. 工具箱(Toolchest)

Toolchest (工具箱)是功能强大的设计蓝图仓库，可以把它添加到项目中，把大多数项目从工具箱直接拖到 ME 编辑器中，如图 1-4-8 所示。

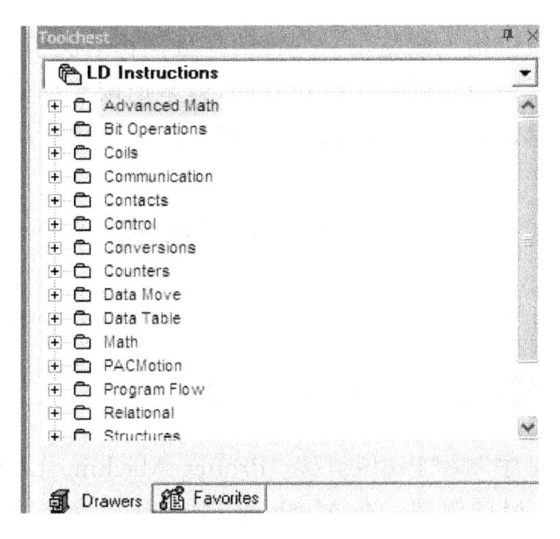

图 1-4-8 工具箱

一般而言，工具箱中存储以下几种蓝图。

- 简单的或基本设计图，例如梯形逻辑指令、GFBS(用户功能块)。
- SFC(程序功能块)指令和查看脚本关键字。例如，简单的蓝图位于 Ladder、View Scripting、Motion 绘图抽屉中。
- 完整的图形查看画面，查看脚本、报警组、登录组和用户 Web 文件，可以把这一类蓝图拖动到浏览窗口的项目中去。
- 项目中使用的机器、设备和其他配件模型，包括梯形逻辑程序段和对象的图形表示及预先配置的动画。

储存在工具箱内的机器和设备模型称为 fxClassess，可以用模块化方式来模拟过程，其中较小型的机器和设备能够组合成大型设备系统。

如果需要一再地使用设置相同的 fxClassess，可以把这些 fxClassess 加入到经常用的标签中。

8. Machine Edition 编辑器窗口

双击浏览器窗口(浏览工具窗)中的项目，即可开始操作编辑器窗口。ME 是实际建立应用程序的工具窗口。编辑器窗口的运行和外部特征取决于要执行的编辑对象的特点。例如，当编辑 HMI 脚本时，编辑器窗口的格式就是一个文本编辑器。当要编辑梯形图逻辑时，编辑器窗口就是显示梯形图逻辑程序的梯级，如图 1-4-9 所示。

可以像操作其他工具一样移动、停放、最小化和调整编辑器窗口的大小。但是，某些编辑器窗口不能直接关闭,这些编辑器窗口只有当关闭项目时才消失。

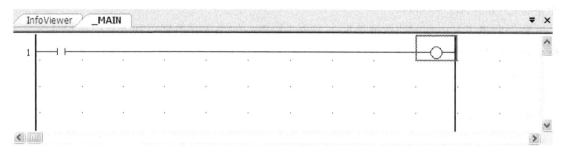

图 1-4-9　编辑器窗口

可以将对象从编辑器窗口拖入或拖出。允许的拖放操作取决于确切的编辑器。例如,将一个变量拖动到梯形图编辑器窗口中的一个输出线圈,就是把该变量分配给这个线圈。

可以同时打开多个编辑器窗口,使用窗口菜单在窗口之间相互切换。

4.2 工程管理

4.2.1 打开 PACSystems RX3i 工程

单击"开始">"所有程序">"Proficy">"Proficy Machine Edition">"Proficy Machine Edition",或者单击图标,启动软件。在 Machine Edition 初始化后,进入开发环境窗口,如图 1-4-10 所示。

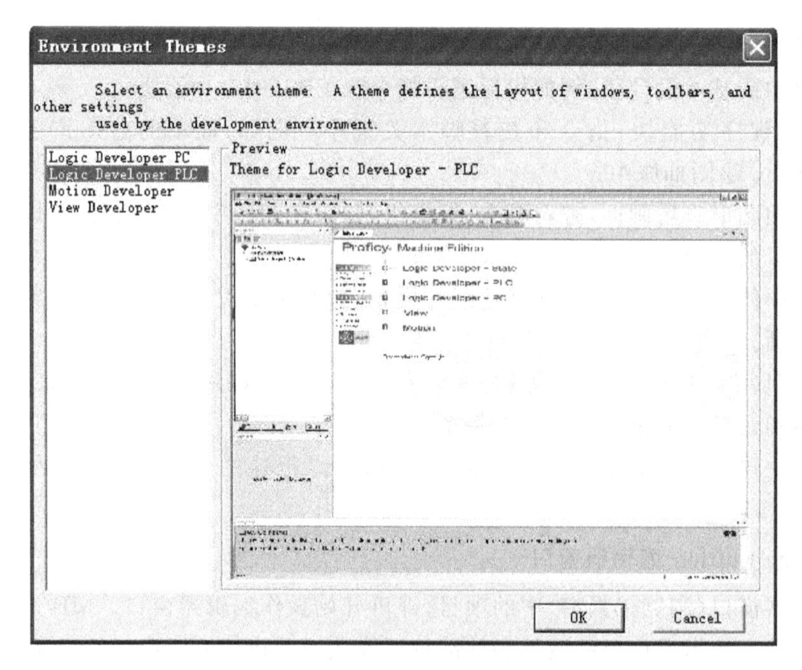

图 1-4-10　开发环境窗口

注意:第一次启动 Machine Edition 软件时,开发环境选择窗口会自动出现,如果以后想改变显示界面,可以通过选择"Windows">"Apply Theme"命令进行。

选择 Logic Developer PLC 一栏：

➢ 单击"OK"按钮，打开一个工程后进入的窗口界面和在开发环境选择窗口中所预览到的界面是完全一样的。

➢ 单击"OK"按钮后，出现 Machine Edition 软件工程管理提示画面，如图 1-4-11 所示。相关功能已经在图中标出，可以根据实际需要，做出适当选择。

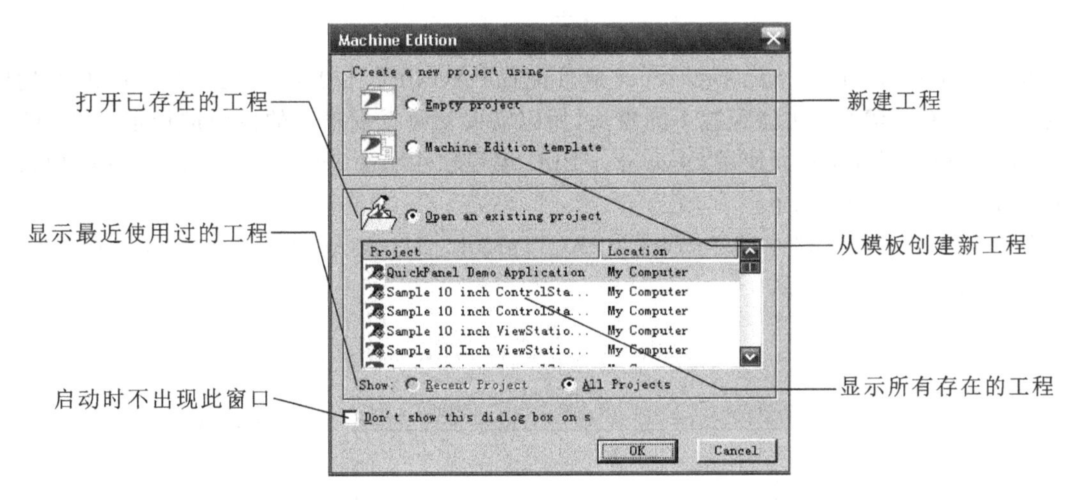

图 1-4-11 Machine Edition 打开窗口

4.2.2 创建 PACSystems RX3i 工程

通过 Machine Edition，可以在一个工程中创建和编辑不同类型的产品对象，如 Logic Developer PC、Logic Developer PLC、View Developer 和 Motion Developer。在同一个工程中，这些对象可以共享 Machine Edition 的工具栏，工具栏提供了各个对象之间的更高层次的综合集成。

下面介绍如何创建一个新工程。

➢ 单击"File">"New Project"，或单击 File 工具栏中的 按钮，出现新建工程对话框，如图 1-4-12 所示。

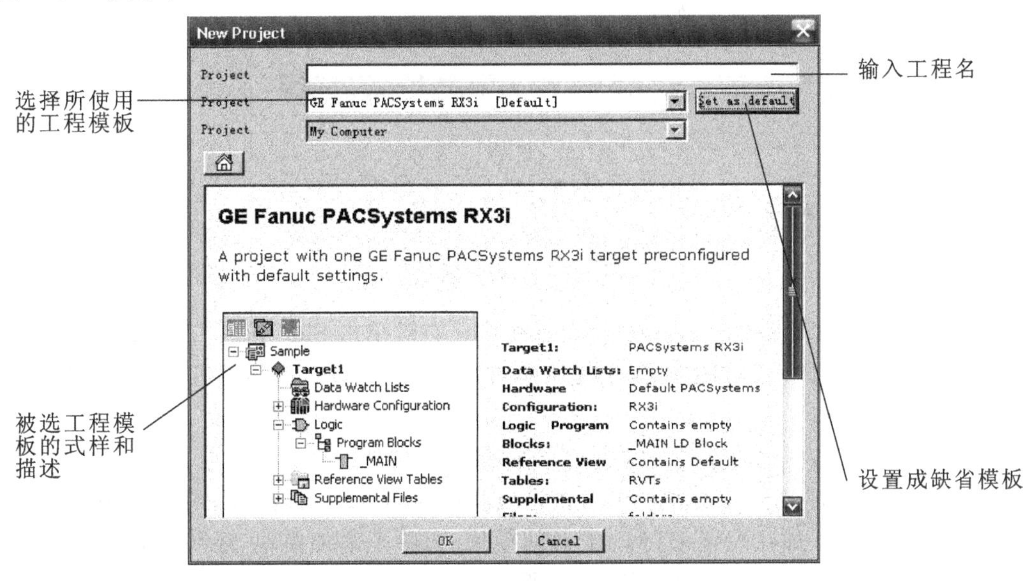

图 1-4-12 新建工程对话框

选择所需要的模板，输入工程名，单击“OK”按钮，这样一个新工程就在 Machine Edition 环境中被创建了。

4.3 硬件配置

用 Machine Edition Logic Developer 软件配置 PAC CPU 和 I/O 系统。由于 PAC 采用模块化结构，没有插槽均有可能配置不同模块，所以需要对每个插槽上的模块进行定义，CPU 才能识别到模块并展开工作。使用 Developer PLC 编程软件配置 PAC 的电源模块、CPU 模块和常用的 I/O 模块的步骤如下：

➢ 依次单击浏览器中的 Project>PAC Target>Hardware Configuration>main rack (Rack 0)，如图 1-4-13 所示。

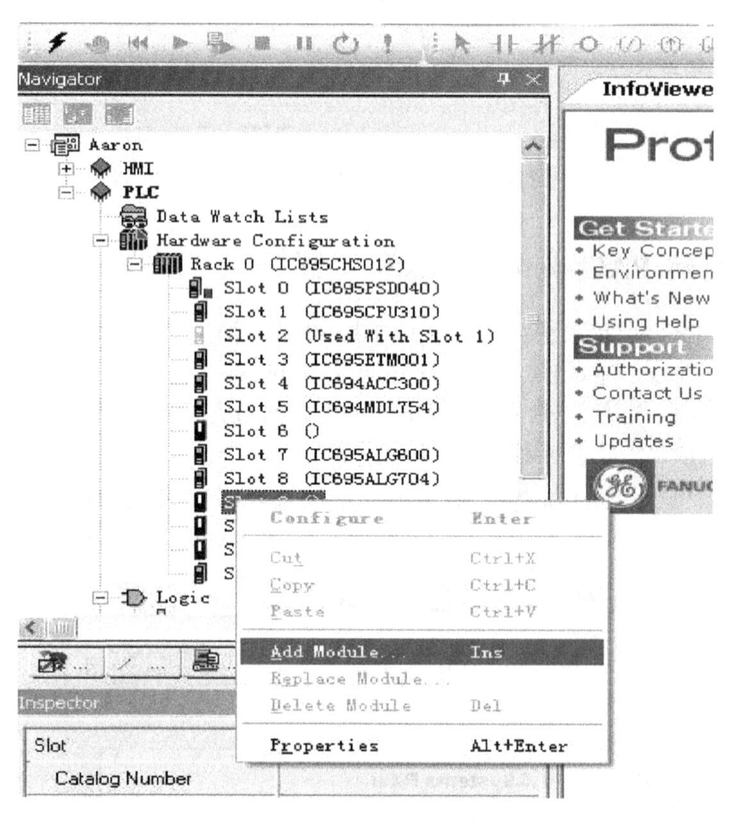

图 1-4-13 硬件配置

➢ Slot 0 表示 0 号插槽，Slot 1 表示 1 号插槽。右键单击 Slot，选择“Add Module”，弹出 Catalog 编辑对话框，根据模块的类型，选择相应的型号，单击“OK”按钮就可以成功添加。

注意：

➢ RX3i CPU 占两槽的宽度，可以安装在除最后两槽外的任意槽位上。

➢ 在添加模块时，若在该模块的窗口中出现红色的提示栏，则表示该模块没有配置完全，还需要设定相关参数，如在配置 ETM001 通信模块时，除了添加模块，还要配置模块的 IP 地址。Demo 演示箱的相关模块配置如表 1-4-2 所示。

表 1-4-2 Demo演示箱的模块配置表

插槽序号	模　块	位　置
0	IC695PSD040	电源
1	IC695CPU315	CPU
2	空白	(used with Slot 1)
3	IC695ETM001	通信模块
4	IC694ACC300	仿真数字输入模块
5	IC694MDL660	数字输入模块
6	IC695HSC304	高速计数器模块
7	IC695ALG600	模拟输入模块
8	IC695ALG704	模拟输出模块
9	IC695CMM002	通信模块
10	IC694MDL754	数字输出模块
11	IC695PMM335	运动控制模块
12	IC695LRE001	扩展模块

4.4 PAC与计算机通信

RX3i的PAC、PC和HMI是采用工业以太网通信的，在首次使用、更换工程或丢失配置信息后，以太网通信模块的配置信息须重设，即设置临时IP，并将此IP写入RX3i，供临时通信使用。然后可通过写入硬件配置信息的方法设置“永久”IP，在RX3i保护电池未失效或将硬件配置信息写入RX3i的Flash后，断电可保留硬件配置信息，包括此“永久”IP信息。在设置的时候一定要注意将三者的IP设置在同一号码段处。PLC的IP地址就是该通用底板上的通信模块网卡地址。

注意：要设定IP地址，必须知道以太网接口的MAC地址。

4.4.1 设置临时IP地址的步骤

设定临时IP地址的步骤如下。

(1) 将PAC系统连接到以太网上。

(2) 浏览器的工程键(Project)下有一个PAC系统对象(Target)，右键单击此对象，选择下线命令，然后选择设定临时IP地址 (Set Temporary IP Address)，将自动弹出设定临时IP地址对话框，如图1-4-14所示。

(3) 需要在设定临时IP地址(Set Temporary IP Address)对话框内做以下操作：

- 指定MAC地址；
- 在IP地址设定框内输入想要设定给PAC系统的IP地址(应与以太网模块ETM001的IP地址一致)；
- 需要的话，选择启用网络接口选择校验对话框，并且标明PAC系统所在的网络接口。

(4) 以上区域都正确配置之后,单击设定 IP(Set IP)按钮。

(5) 对应的 PAC 系统的 IP 地址将被指定为对话框内设定的地址,这个过程最多可能需要 1 分钟的时间。

(6) 输入完毕后单击可以进行软件、硬件之间的通信联系,如果设置正确,能显示"connect to device",表明两者已经连接上,如果不能完成软、硬件之间的联系,则应查明原因,重新进行设置,重新连接。

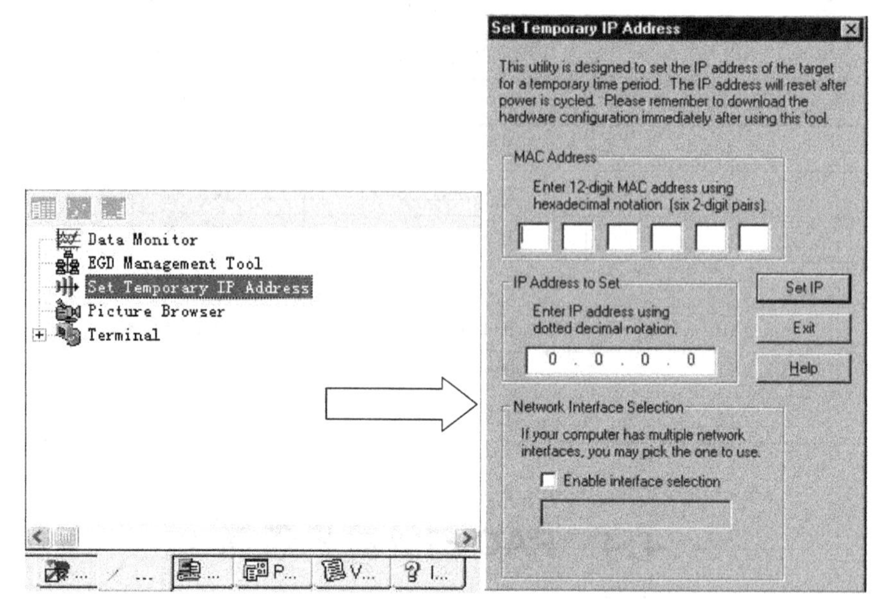

图 1-4-14 设定临时 IP 地址

第一次与 PAC 通信成功后,就可以将 Proficy Machine Edition 中的硬件配置信息、逻辑结构、变量值等信息下载到 PAC 中,也可以读取 PAC 中原有的信息。

4.4.2 设置临时 IP 地址的注意事项

(1) 什么时候需要设置临时 IP 地址?

设置临时 IP 地址的目的是让 PC 和 PLC 建立以太网通信。如果已知 PLC 以太网卡的 IP 地址,可以直接在 Target 的属性窗口中直接输入需要连接的 PLC 的以太网地址,如图 1-4-15 所示。

Inspector	
Target	
Name	Target1
Type	GE IP Controller
Description	
Documentation Address	
Family	PACSystems RX3i
Controller Target Name	A3i1
Update Rate (ms)	250
Sweep Time (ms)	Offline
Controller Status	Offline
Scheduling Mode	Normal
Force Compact PVT	True
Enable Shared Variables	False
DLB Heartbeat (ms)	1000
Enhanced Security	False
Physical Port	ETHERNET
IP Address	
⊞Additional Configuration	

图 1-4-15 输入以太网地址

如果不知道需要连接的 PLC 的以太网地址,就需要设置一个临时 IP 地址,以便 PC 和 PLC 通过以太网建立连接。

注意:临时 IP 地址不能保存在 PLC 里面,一旦断电再上电后临时 IP 地址就不起作用了。临时 IP 地址不会覆盖以太网卡里面固化的 IP 地址。

(2) 如何设置临时 IP 地址？

设置临时 IP 地址有一个专用的小工具，有两种方法可以调出这个工具。

方法 1：在 Navigator 窗口中单击黄色螺丝刀图标 ，单击 Set Temporary IP Address 。

方法 2：选中 Target，右键单击，在弹出的快捷菜单中选择“Offline Commands”，Offline Commands ▸ Set Temporary IP Address...。

单击 Set IP （见图 1-4-16），出现一个提示框，提示此操作可能需要 30～45 秒，直接单击确认。等待一段时间后，如出现 IP change SUCCESSFUL. ，表示 PLC 的临时 IP 地址已经设置成功了。可以在 DOS 环境中，用 ping 命令验证 PLC 的临时 IP 地址。

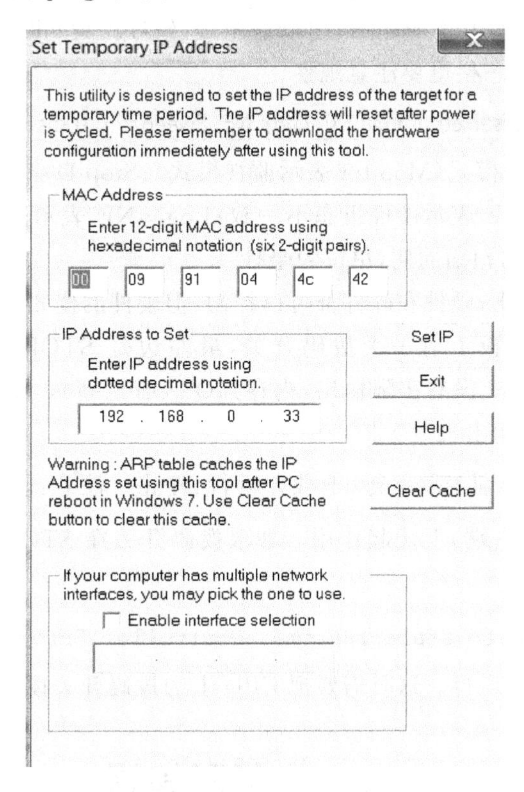

图 1-4-16 单击“Set IP”按钮

注意，设置临时 IP 地址时要注意以下两点：

- PLC 一定要处于 STOP 状态，否则设置不成功；
- 要把 PC 的有线网卡的 IP 地址设置成和 PLC 的临时 IP 地址一个网段，否则临时 IP 地址设置不成功。如要设置 PLC 的临时 IP 地址为 192.168.0.44，则首先要设置 PC 的有线网卡地址为 192.168.0.*。

(3) 临时 IP 地址设置不成功，怎么办？

① 检查 PLC 是否处于运行状态，如果是，把 CPU 上的拨码开关拨至 STOP。

② 检查 PC 机的本地网卡的 IP 地址设定，确保和临时 IP 地址是一个网段。

③ 如果 PC 的操作系统是 Windows 7 中文版，需要把网络设置中的“本地连接”改名为“Local Area Connection”。

④ 关掉防火墙和杀毒软件。

4.4.3 PAC RX3i 状态查看

Target1 左侧的图标代表了 PLC 目前的状态,要注意观察。

PAC 共有 7 种状态 ,分三类。灰色的方块表示此时 PAC 尚未和 PC 相连,处于离线状态;蓝色方块表示 PC 和 PAC 连接成功,但此时 PC 处于监视模式(PC 只能查看 PAC,不能修改);绿色方块表示 PC 和 PAC 连接成功,且此时 PC 处于编程模式(可以下载并修改程序)。PAC 可以同时连接多台 PC,但同一时间只有一台 PC 处于编程模式,其他的都是监视模式。右下角有 F 的表示此刻 PAC 中有严重故障,必须排查,否则 PAC 是无法正常运行的。表示 PAC CPU 中存储的程序(硬件组态、软件逻辑)和 PC 中的 Project 不一致。

ME 最下端的 PAC 状态栏也要注意观察。

Programmer, Stop Disabled, Config NE, Logic NE, Sweep= 0.0 ms | Administrator | LOCAL

Programmer 表示编程模式(Monitor 表示监视模式);Stop Disabled 表示 CPU 上的拨码开关打在 STOP 处;Config NE 表示硬件组态不一致;Logic NE 表示软件逻辑不一致(NE=not equal);Sweep 是指 PAC 的扫描周期,单位为毫秒。

对于 PAC 的运行、停止,硬件和软件都可以控制,但硬件的优先级高于软件。

硬件控制:在 CPU 面板上有一个拨码开关,最左边是 STOP,中间是 RUN,OUTPUT Disable(运行,但输出模块上没有实际输出,内存%Q 区有刷新),最右端是 RUN I/O Enable(运行,输出模块上有实际输出)。

软件控制: 分别表示运行、下载并运行、停止。注意:软件控制只有在 CPU 的拨码开关在 RUN(中间或最右端)上才起作用。如果拨码开关在 STOP 上,这时如果单击或,会出现如下错误提示:

`Error 8533: Unable to start runtime. Controller Error - Invalid sweep mode ,`

表示目前控制器出错,无法运行。这时需要把 CPU 上的拨码开关拨到 RUN 处。

4.5 梯形图编辑

4.5.1 梯形图介绍

梯形图在形式上类似于继电器控制电路,它是用图形符号连接而成的,这些符号有常开接点、常闭接点、并联连接、串联连接、继电器线圈等。每一接点和线圈均对应一个编号。不同机型的 PLC,其编号不一样。梯形图直观易懂,是应用最多的一种编程语言。

梯形图编程语言是一种以图形符号及图形符号在图中的相互关系表示控制关系的编程语言,是从传统的继电器控制电路图演变过来的。梯形图具有以下特点。

(1) 梯形图按自上而下、从左到右的顺序排列,如图 1-4-17 所示。每个继电器线圈为一个逻辑行,即一层阶梯。每一逻辑行起于左母线,然后是接点的各种连接,最后终于继电器线圈

（有的还加上一条右母线），整个图形呈阶梯形。

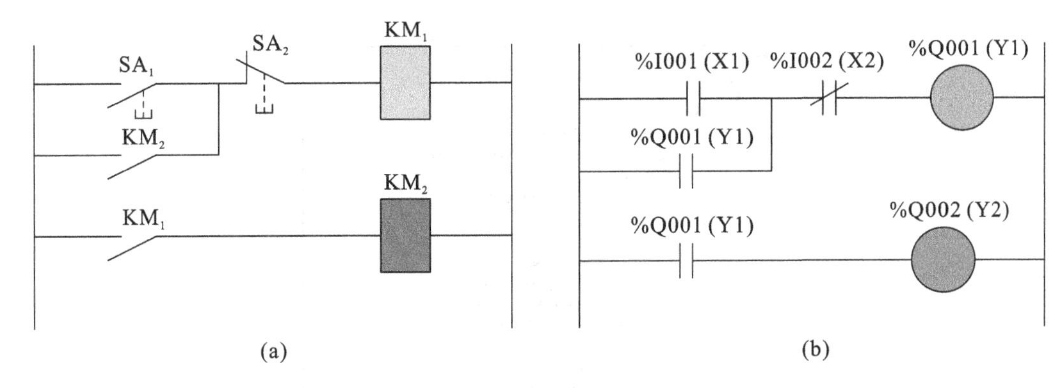

图 1-4-17　梯形图

（2）梯形图中的继电器不是继电器控制电路中的物理继电器，它实质上是存储器中的每位触发器，因此称为“软继电器”。相应位的触发器为“1”态，表示继电器线圈通电，常开接点闭合，常闭接点打开。梯形图中继电器的线圈是广义的，除了输出继电器线圈、辅助继电器线圈外，还包括计时器、计数器、移位寄存器及各种算术运算的结果等。

（3）梯形图中，一般情况下（除有跳转指令和步进指令等的程序段以外），某个编号的继电器线圈只能出现一次，而继电器接点则可无限引用，既可是常开接点，又可是常闭接点。

（4）梯形图是PLC形象化的编程手段，梯形图两端的母线是没有任何电源可接的。梯形图中并没有真实的物理电流流动，而仅是“概念”电流，是用户程序运算中满足输出执行条件的形象表示方式。“概念”电流只能从左向右流动，层次改变只能先上后下。

（5）输入继电器供PLC接收外部输入信号，而不能由内部其他继电器的接点驱动。因此，梯形图中只出现输入继电器的接点，而不出现输入继电器的线圈。输入继电器的接点表示相应的输入信号。

（6）输出继电器供PLC作输出控制用。它通过开关量输出模块对应的输出开关（晶体管、双向可控硅或继电器触点）去驱动外部负载。因此，梯形图中输出继电器线圈满足接通条件，就表示在对应的输出点有输出信号。

（7）PLC的内部继电器不能作输出控制用，其接点只能供PLC内部使用。

（8）当PLC处于运行状态时PLC就开始按照梯形图符号排列的先后顺序（从上到下、从左到右）逐一处理，也就是说，PLC对梯形图按扫描方式顺序执行程序。因此，不存在几条并列支路同时动作的因素，这在设计梯形图时可减少许多有约束关系的连锁电路，从而使电路设计大大简化。

4.5.2　在PME软件中输入梯形图

PAC系统支持多种编程语言，如梯形图、C语言、PBD功能块图、用户定义功能块、ST结构化文本、指令表等。通常较为常见的为梯形图编程语言。

梯形图LD(Ladder Diagram)编辑器是用于创建梯形图语言的程序，它以梯形逻辑显示PAC程序执行过程。在Machine Edition软件中输入梯形图程序的步骤如下：

在Developer PAC编程软件中依次单击浏览器的Project>PAC Target>Logic，MAIN

为主程序,主程序入口界面如图 1-4-18 所示。

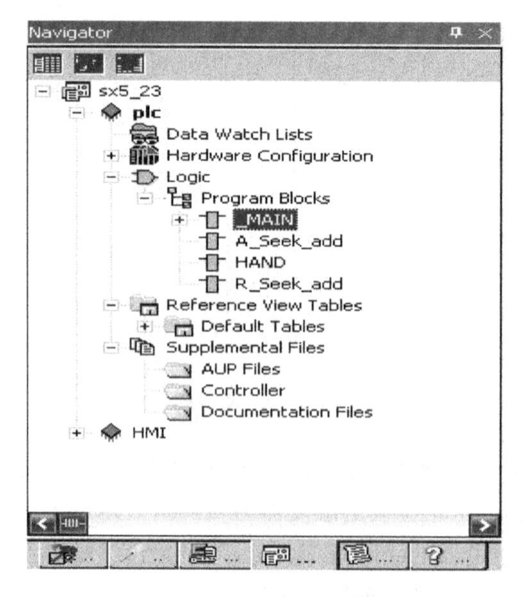

图 1-4-18　主程序入口界面

根据程序的设计,在工具栏或工具箱中找到需要的指令,直接拖放到相应的位置,双击输入地址号,如地址号为 I00001,只需键入 1i,按回车键即可,也可在属性检查窗口中对地址号进行管理,梯形图输入界面如图 1-4-19 所示。

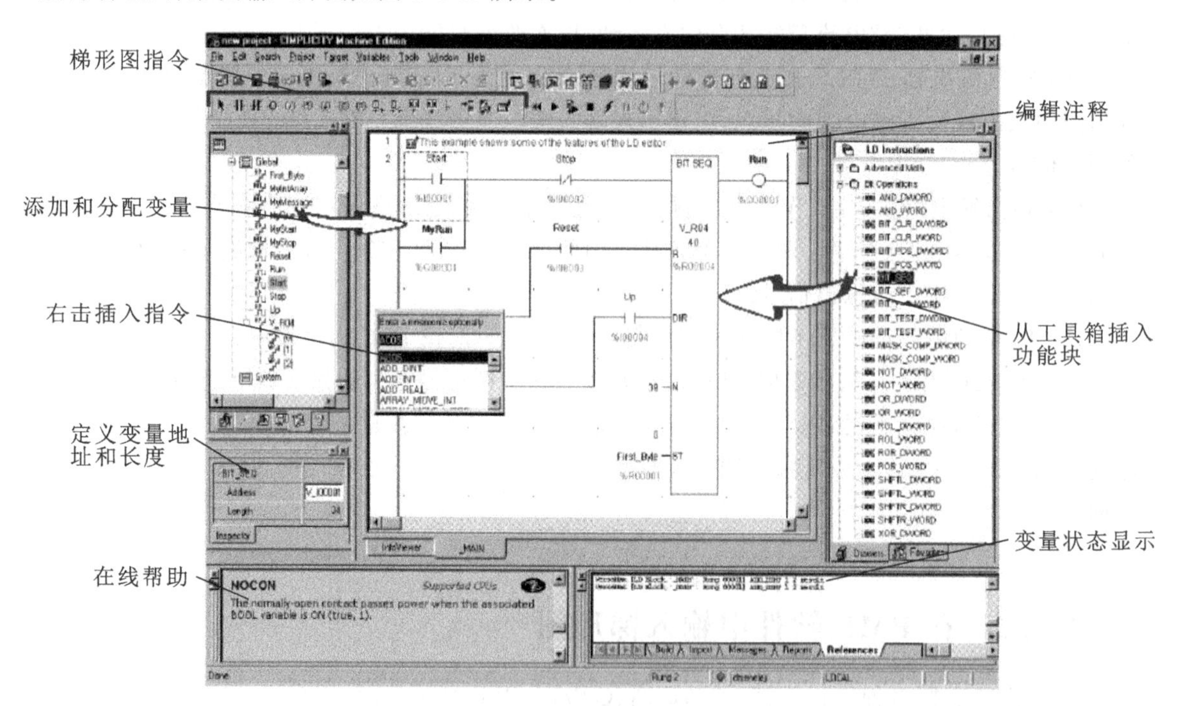

图 1-4-19　梯形图输入界面

以输入一个简单的梯形图(见图 1-4-20)为例,介绍如何具体输入梯形图。

(1) 找到梯形图指令工具栏,如图 1-4-21 所示。如果看不到梯形图指令工具栏,单击 Tools 下拉菜单,并选择 Toolbars、Logic Developer-PLC,如图 1-4-22 所示。

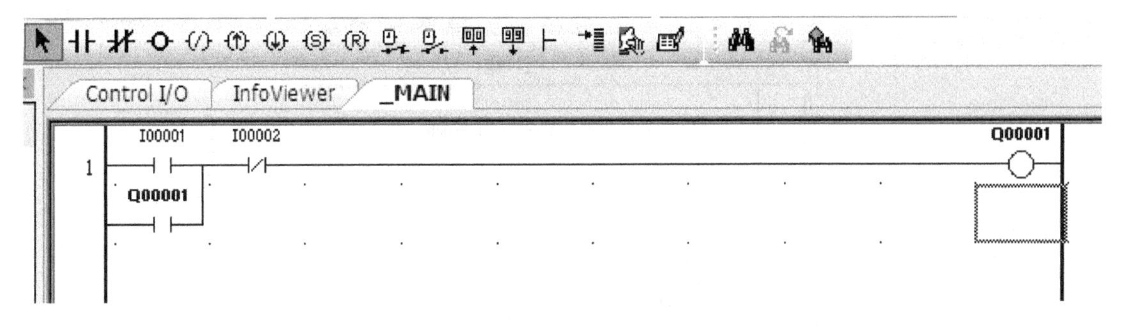

图 1-4-20　简单梯形图示例

图 1-4-21　梯形图指令工具栏

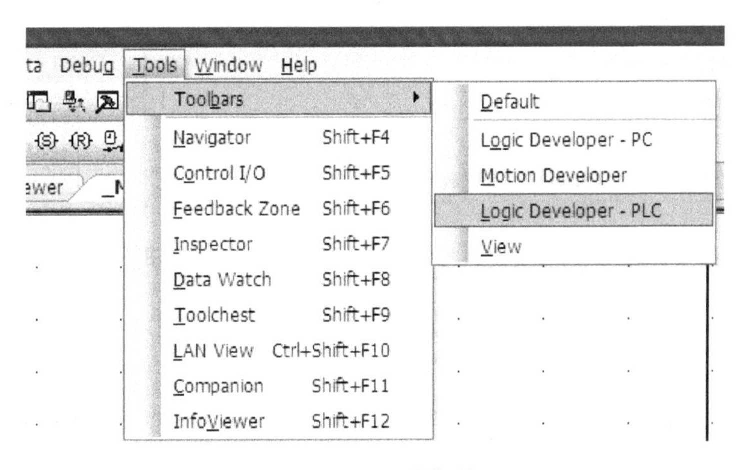

图 1-4-22　工具切换

(2) 单击梯形图指令工具栏中的 按钮，选择一个常开触点。在LD逻辑中，单击一个单元格，它将是新指令占有的左上角单元格。在LD逻辑中出现与被选择工具栏按钮相应的指令，如图1-4-23所示。

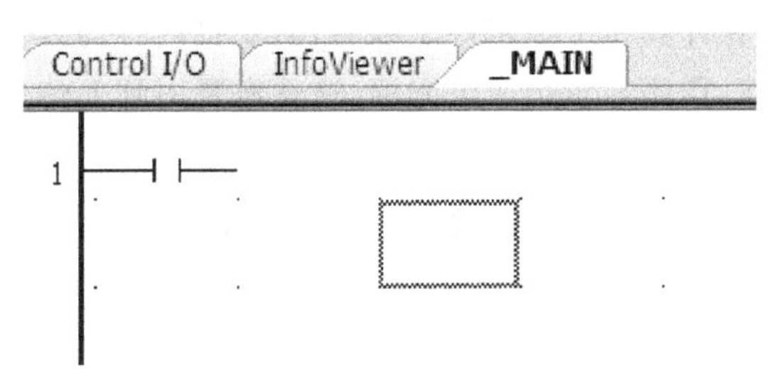

图 1-4-23　编辑指令1

(3) 单击 指针工具按钮或按Esc建，返回到常规编辑。

(4) 输入常开触点对应的地址。可以输入地址的全称%I00001，也可以采取倒装的方式，简写为1i，系统将自动换算为%I00001，然后按Enter键，指令地址就写好了，分别如图1-4-24至图1-4-26所示。

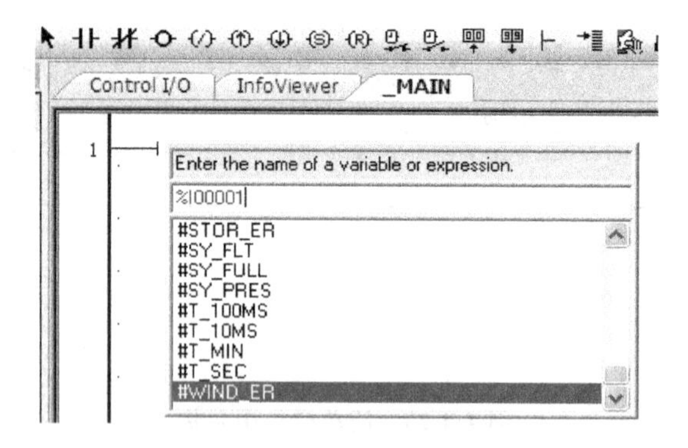

图 1-4-24　编辑指令 2

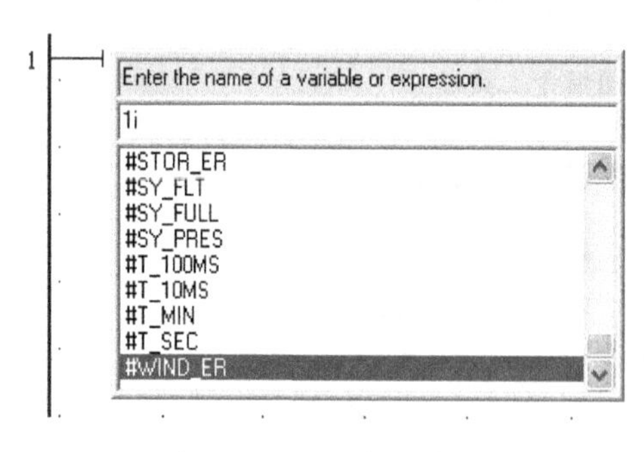

图 1-4-25　编辑指令 3

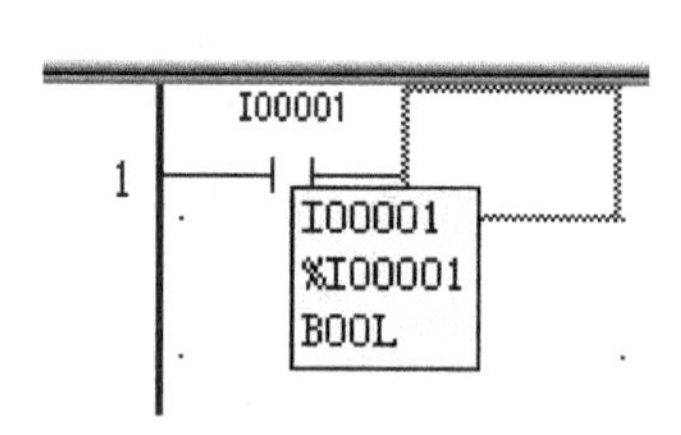

图 1-4-26　编辑指令 4

(5) 在梯形图指令工具栏中单击 ├ (水平/垂直线)按钮,单击一根线段的单元格,线段的方向取决于单击时鼠标指针光标线的方向。

(6) 按照此方法在适当位置依次输出常闭触点、线圈、常开触点等,即可完成相关梯形图的输入工作。

4.6　程序下载与上传

把 PLC 参数、程序等在计算机上编辑好了以后,需要将内容写入到 PLC 的内存中,也可以将 PLC 内存中原有的参数、程序显示出来供阅读,这就需要用到上传/下载功能。将参数配置、程序下载到 PLC 的步骤如下:

单击工具栏中的 ✓ 编译程序,检查当前标签内容是否有语法错误,检查无误后,设置临时 IP 地址,建立临时通信。在设定临时 IP 地址时,一定要分清 PLC、PC 和触摸屏三者间的 IP 地址,要在同一 IP 地址段,而且两两不可以重复。

在 Navigator 下选中 Target1,单击鼠标右键,在下拉菜单中选择 Properties,在出现的 Inspector 对话框中设置通信模式,把 Physical Port 设置成 ETHERNET,把 IP Address 设置成原通信模块 ETM001 中设置的 IP 地址,如图 1-4-27 所示。

单击工具栏上的 ⚡ 按钮,建立通信,如果设置正确,则在状态栏窗口中显示 Connect to Device,表明两者已经连接上;如果不能完成软、硬件之间的联系,则应查明原因,重新进行设置,重新连接。

单击 按钮，选择 PLC 在线模式，再单击 下载按钮，出现图 1-4-28 所示的下载内容选择对话框。

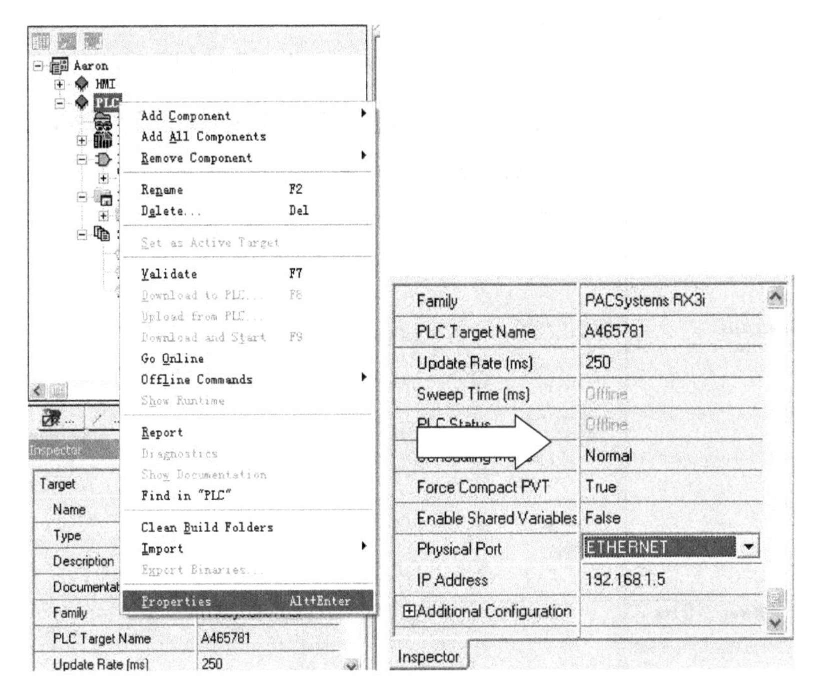

图 1-4-27 PLC 通信标签属性和以太网卡参数设置

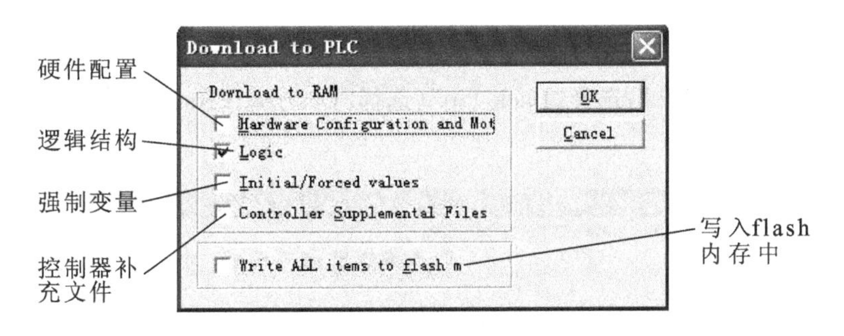

图 1-4-28 下载内容选择对话框

初次下载，应将硬件配置及程序一起下载进去，单击“OK”按钮。

下载后，如正确无误，Target1 前面由灰色变绿色，屏幕下方出现 Programmer、Stop Disabled、Config EQ、Logic EQ，表明当前的 RX3i 配置与程序的硬件配置吻合，内部逻辑与程序中的逻辑吻合。此时将 CPU 的转换开关拨到运行状态，即可控制外部的设备。

4.7 备份、删除、恢复项目

备份和恢复项目主要用于传送一个项目，例如从一台 Proficy ME 中传送到另一台 Proficy ME 中。备份是进行压缩文件的操作，恢复是进行解压缩文件的操作。被备份的文件必须经过恢复才能够正常地显示出来。

4.7.1 备份和删除项目

备份和删除项目的操作步骤如下：

(1) 要备份一个项目，首先要关闭任何打开的项目。备份工作界面如图 1-4-29 所示。

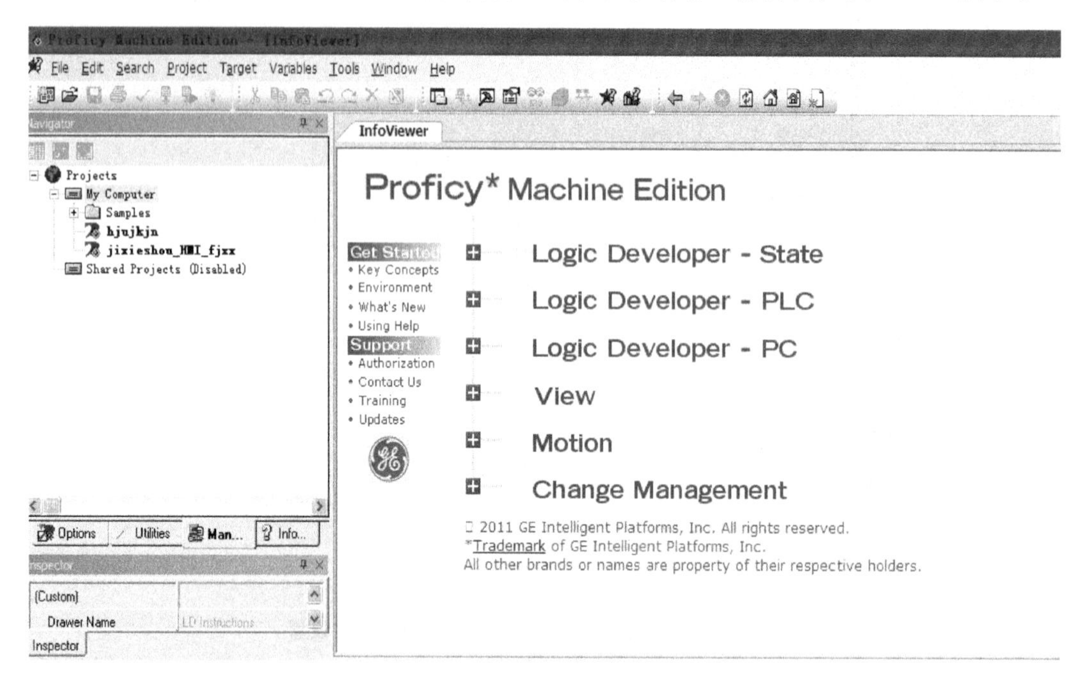

图 1-4-29　备份工作界面

(2) 右击想要备份的项目，选择“Back Up”(选择“Destroy Project”则删除选择的项目)，如图 1-4-30 所示。

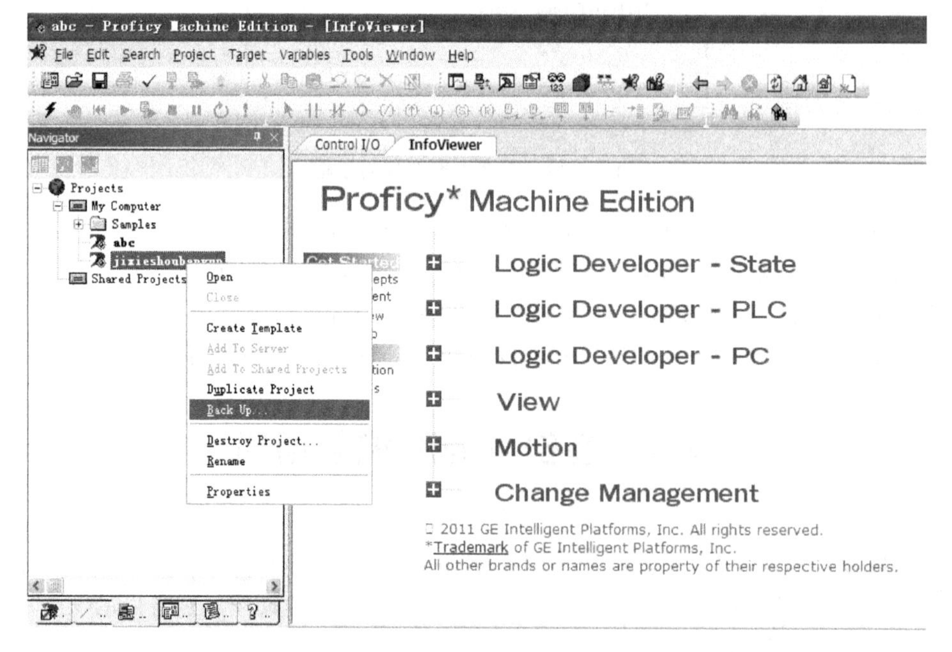

图 1-4-30　选择“Back Up”

(3) 选择备份项目的存放路径，如图 1-4-31 所示。

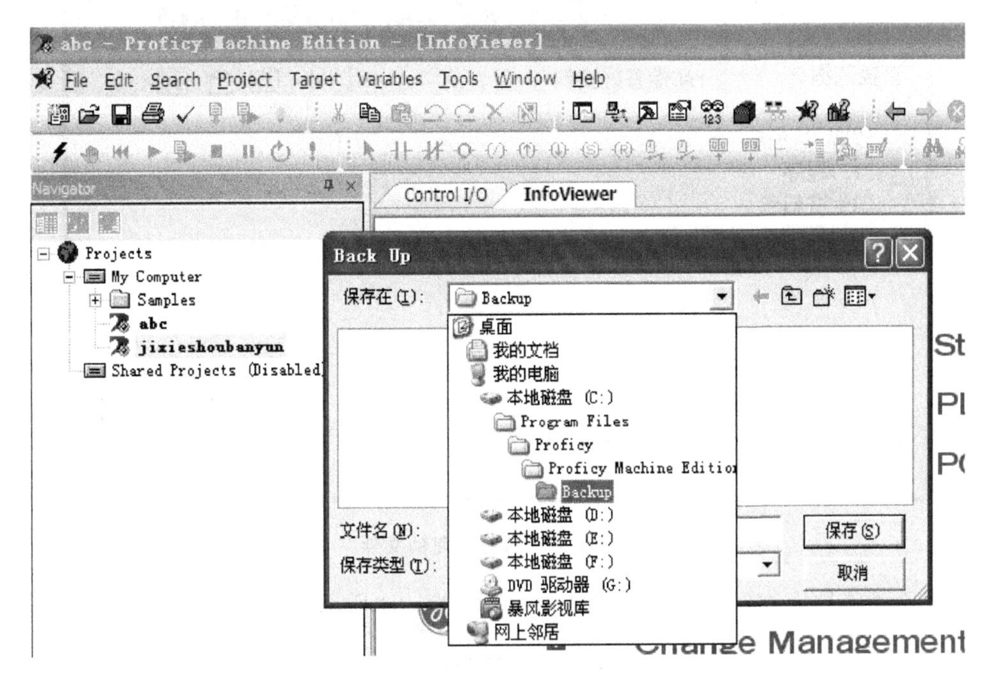

图 1-4-31　保存路径选择

(4) 单击“保存”按钮，此文件将保存为.zip 文件。

4.7.2　恢复项目

恢复项目的操作步骤如下：

(1) 要恢复一个项目，在 Navigator 窗口中 Projects 下右击“My Computer”，选择“Restore”，如图 1-4-32 所示。

图 1-4-32　恢复工具选择

(2) 在弹出的对话框中,选择恢复原文件的存放位置,单击“打开”按钮,如图 1-4-33 所示。

图 1-4-33 选择恢复的文件

(3) 此文件将被恢复到本 Proficy ME 中,如图 1-4-34 所示。

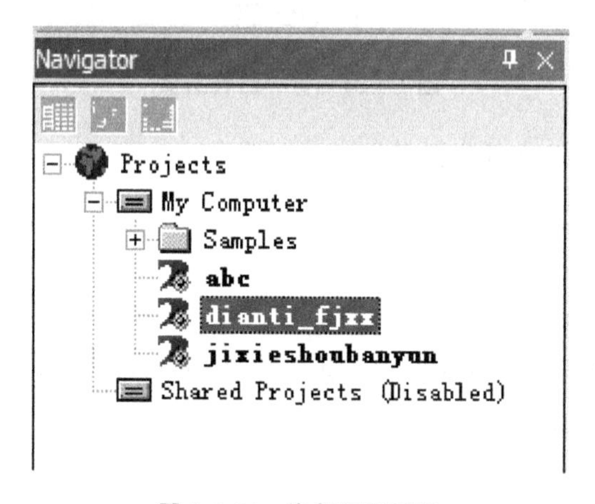

图 1-4-34 恢复项目窗口

(4) 双击恢复的文件,即可对此项目进行编辑。

第5章

QuickPanel View/Control 触摸屏的使用

5.1 QuickPanel View/Control 简介

QuickPanel View/Control 是当前非常先进的紧凑型控制计算机。QuickPanel View/Control 提供不同的配置来满足使用需求，既可以作为全功能的 HMI(人机界面)，也可以作为 HMI 与本地控制器和分布式控制应用的结合(图 1-5-1 中展示了部分产品)。无论是其擅长的网络环境还是单机单元，QuickPanel View/Control 都是工厂级人机界面及控制的很好的解决方案。

图 1-5-1 QuickPanel View/Control 产品

QuickPanel View/Control 由微软 Windows CE . NET 的嵌入式控制操作系统支持，为应用程序的开发提供了快捷的途径。Windows CE 对其他版本的 Windows 具有统一性，能简化对已存在程序代码的移植。Windows CE 的用户界面，缩短了操作人员和开发人员的学习周期。丰富的第三方应用软件使这个操作系统更具吸引力。

下面以 QuickPanel View/Control 6" TFT 为例进行介绍。

5.2 QuickPanel View/Control 6" TFT 的使用

QuickPanel View/Control 6" TFT 是为最大限度地发挥灵活性而设计的多合一微型计算

机。它基于先进的 Intel 微处理器,将多种 I/O 选项结合到一个高分辨率的操作员接口。通过选择这些标准接口和扩展总线,可以将它与大多数的工业设备连接。QuickPanel View/Control 还配有各种类型的存储器,一个 32 MB 的动态随机存取存储器(DRAM)分配给操作系统、工程存储单元和应用存储单元。支持 32 MB 或 64 MB 非易失性闪存,作为虚拟的硬盘驱动器,被分配给操作系统和应用程序以长久存储。保持存储器包括一个由电池支持的 512 KB 静态存储器(SRAM)来存储数据,保证重要数据即使在断电的情况下也不会丢失。

5.2.1 QuickPanel View/Control 6" TFT 的结构

QuickPanel View/Control 6" TFT 布局及接口如图 1-5-2 所示。

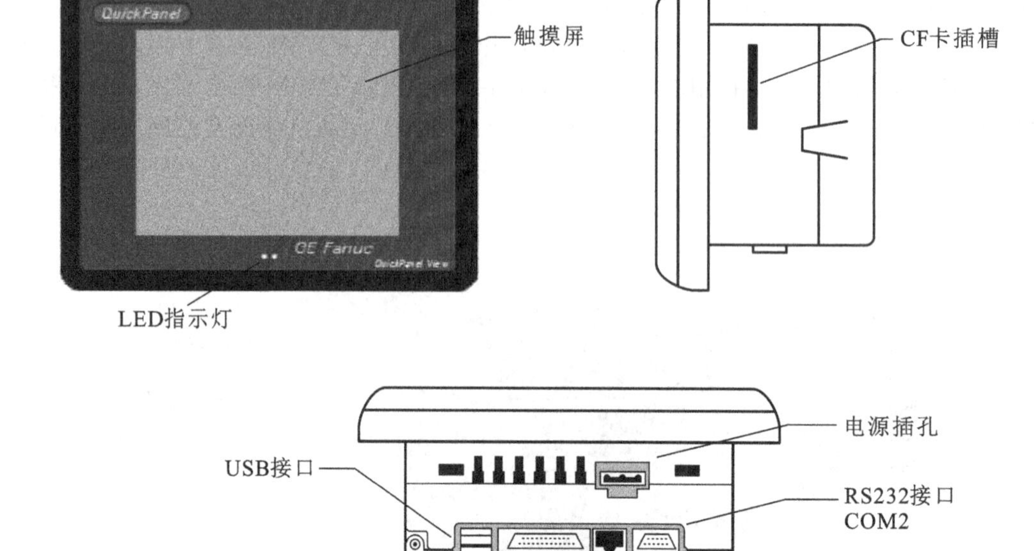

图 1-5-2 QuickPanel View/Control 6" TFT 布局及接口图

工作时由外部提供 24VDC 工作电压,通过电源插孔接入,如图 1-5-3 所示。

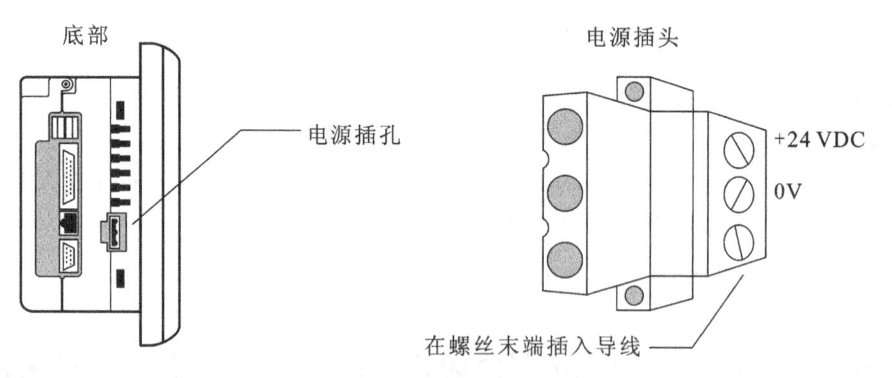

图 1-5-3 电源接线

5.2.2 启动设置

第一次启动 QuickPanel View/Control 时，需要先进行一些配置。

将 24 V 电源适配器供上交流电，一旦上电，QuickPanel View/Control 就开始初始化，首先出现启动画面，如图 1-5-4 所示。

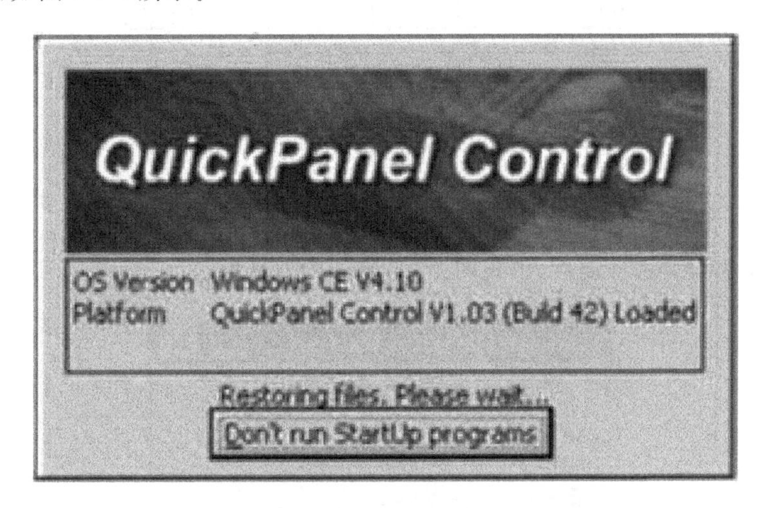

图 1-5-4 启动画面

如果想跳过开始文件夹下的所有程序，单击启动画面上的按钮，启动画面将在 5 秒后自动消失，展现 Windows CE 桌面。

- 单击 Start 开始，指向 Settings 设置，单击 Control Panel 控制面板。
- 在控制面板上，双击 Display 配置 LCD 显示屏。
- 在控制面板上，双击 Stylus 配置触摸屏。
- 在控制面板上，双击 Date and Time 配置系统时钟。
- 在控制面板上，双击 Network and Dial-up Connections 配置网络设置。
- 在桌面上，双击 Backup 保存所有最新的设置。

5.2.3 以太网设置

QuickPanel View/Control 有一个 10/100BaseT 自适应以太网端口（IEEE802.3），可以通过在外壳底部的 RJ45 连接器将以太网电缆（无屏蔽、双绞线、UTP CAT 5）连接到模块上。端口上的 LED 指示灯指示通道状态。可以通过 Windows CE 网络通信或用户应用程序访问端口。

1. IP 配置

QuickPanel View/Control 的 IP 地址有两种配置方法：DHCP 和手动方法。

（1）DHCP：自动完成的缺省方法。在所连接的网络中应该有一个 DHCP 服务器来分配有效的 IP 地址，联络网络管理员以确定 DHCP 服务器的配置正确。

（2）手动方法：用户为 QuickPanel View/Control 配置特殊的地址、子网掩码（合适的）和默认网关。直接将 QuickPanel View/Control 连接到 PC 时要使用交叉电缆；当连接到网络集线器时，使用直连电缆。

配置IP地址的步骤如下。

• 在控制面板上，单击 Network and Dial-up Connections，显示 Connection 窗口，如图1-5-5所示。

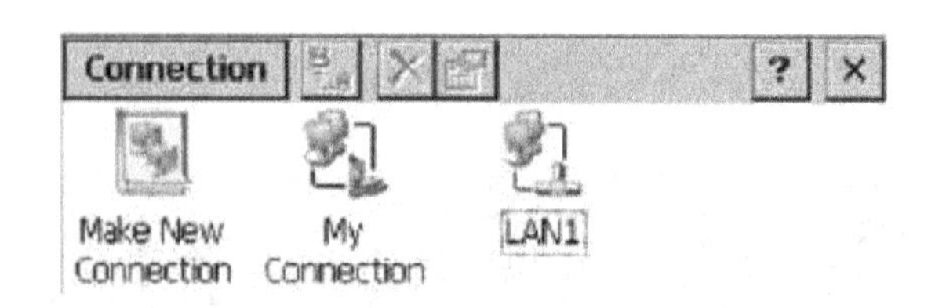

图1-5-5 Connection 窗口

• 选择一个连接并选择属性，出现图1-5-6所示的对话框。

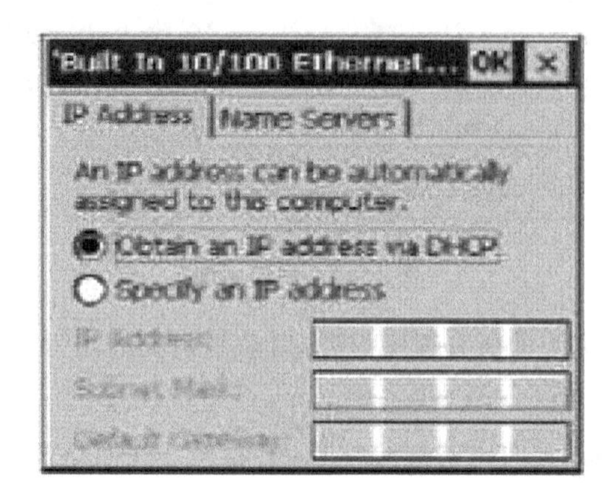

图1-5-6 IP地址属性设置对话框

• 选择一种方法进行IP地址的设置，运行 Backup 程序保存设置。

2. 重启 QuickPanel View/Control

如果选择DHCP方法配置IP地址，QuickPanel View/Control 在初始化过程中，网络服务器会自动分配一个IP地址。

为 QuickPanel View/Control 分配了一个IP地址后，就可以访问任何有权限的网络驱动器或共享资源。

5.3 QuickPanel View/Control 界面的开发

1. 新建 QuickPanel 界面

在 Proficy Machine Edition 软件中，右键单击已建好的工程名，选择“Add Target>QuickPanel View/Control>QP View 6"TFT (IC754Vxx06Cxx)”，如图1-5-7所示，建立一个 QuickPanel View/Control 界面，默认为 Target2。

2. HMI 界面

右键单击 Target2，选择“Add Component>HMI”(见图1-5-8)，打开编辑画面。

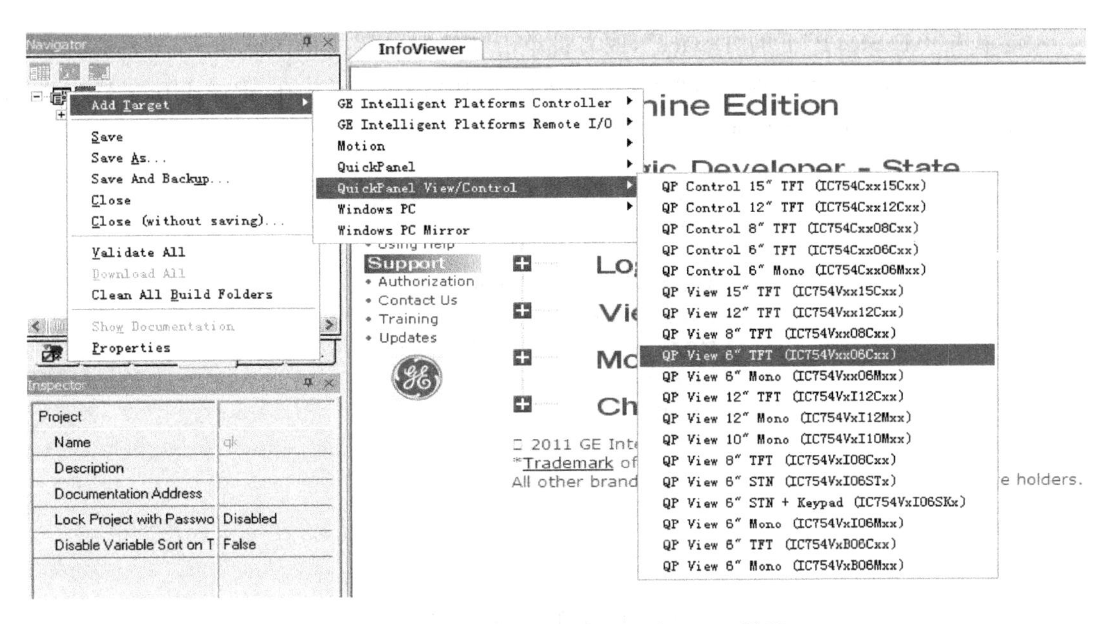

图 1-5-7　新建 QuickPanel View/Control 界面

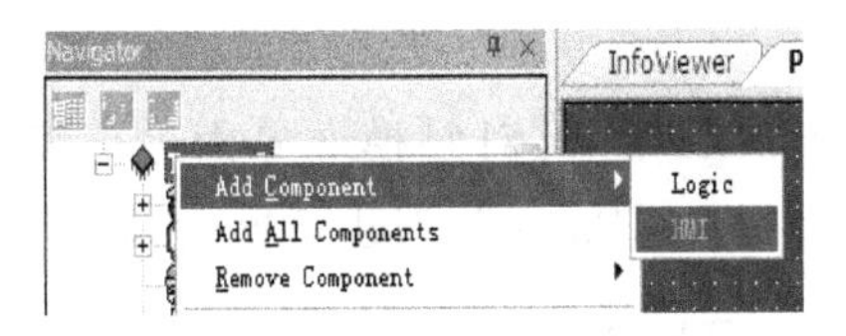

图 1-5-8　创建 HMI 界面

3. 设置 QuickPanel View/Control 的 IP 地址

单击 Target2，或右键单击 Target2，选择“Properties”，出现属性窗口，在“Computer Address”中输入 QuickPanel View/Control 的 IP 地址，如图 1-5-9 所示。

4. 添加驱动

右键单击 Target2 下的“PLC Access Drivers”，选择“New Driver＞GE Intelligent Platforms＞GE SRTP”，如图 1-5-10 所示。

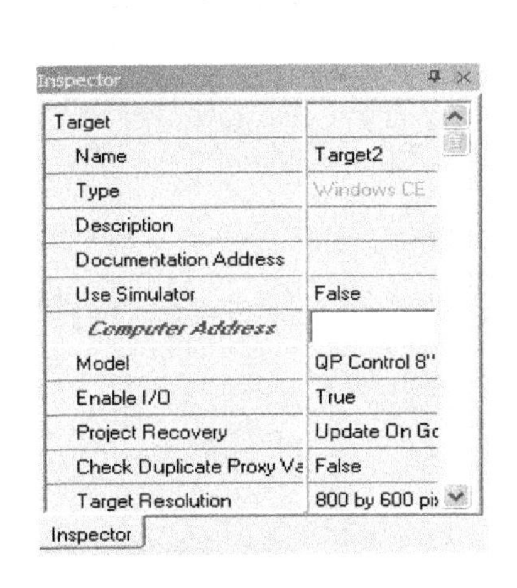

图 1-5-9　输入 IP 地址

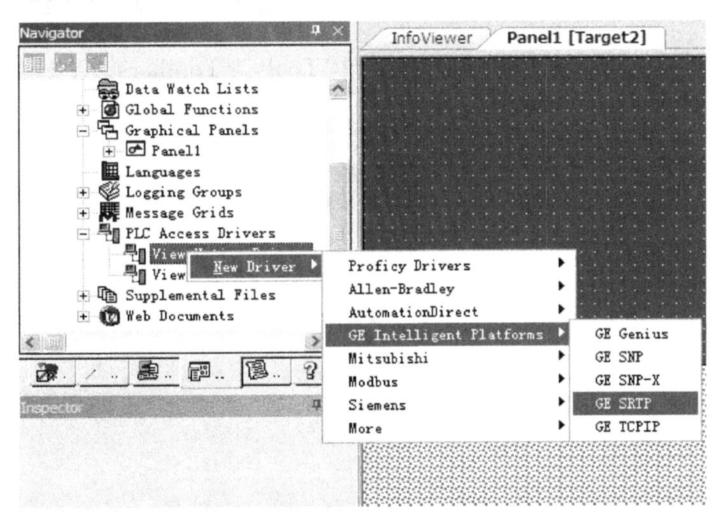

图 1-5-10　选择“GE SRTP”

左键单击“GE SRTP”下的“Device”,或右键单击“GE SRTP”下的“Device”。

选择 Properties,在属性栏里将“PLC Target”改为“Target1”并在 IP Address 栏中填入 PLC 的 IP 地址,如图 1-5-11 所示。

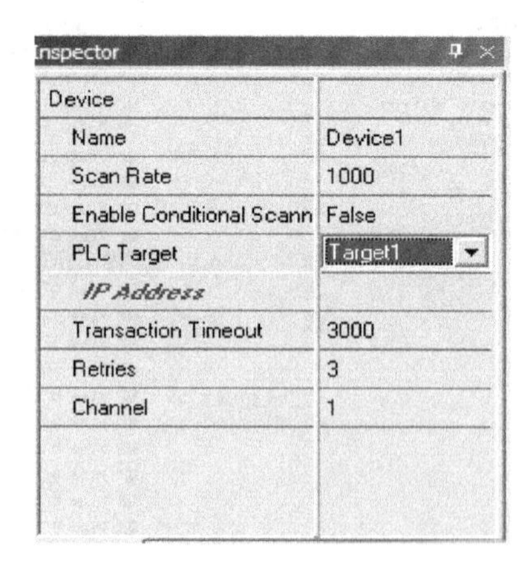

图 1-5-11　调整 Device 的属性

5. 界面的开发

(1) 创建界面:左键单击“Panel1”即可对触摸屏界面进行编辑。当需要多个界面时,可右键单击“Graphical Panels”,选择“New Panel”,创建新界面,如图 1-5-12 所示。

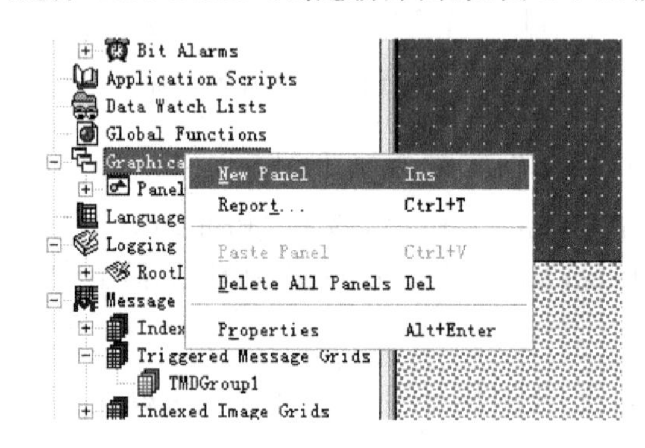

图 1-5-12　创建新界面

(2) 显示工具栏:选择菜单“Tools>Toolbars>View”,如图 1-5-13 所示,可显示编辑工具栏。

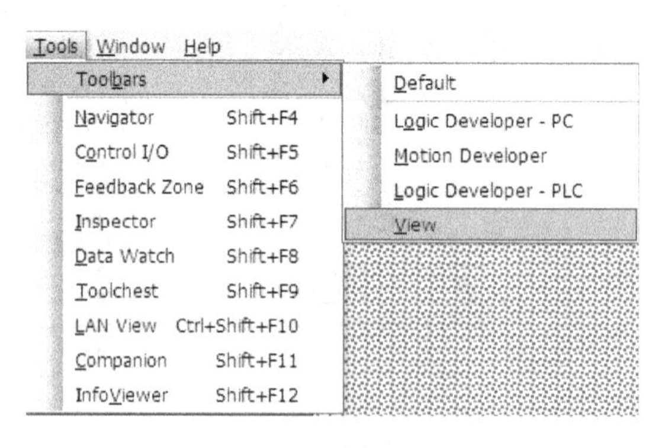

图 1-5-13　选择“View”

(3) 界面的绘制:单击工具栏中的画图工具,即可在界面进行绘画。

绘画完成后,右键单击该图形,选择 Properties,显示该图形的属性窗口,如图 1-5-14 所示。在属性窗口中可以修改图形的线条、填充颜色、文字、样式等。

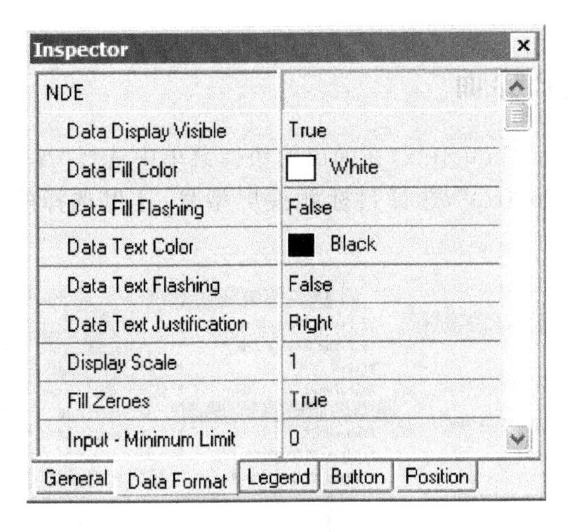

图 1-5-14 属性窗口

左键双击所画图形,弹出动作属性对话框。在这个对话框中可以对图形的颜色、填充、移动、触摸等进行设置。单击图标,选择"Variable",选择引发图形动作的变量,如图 1-5-15 所示。

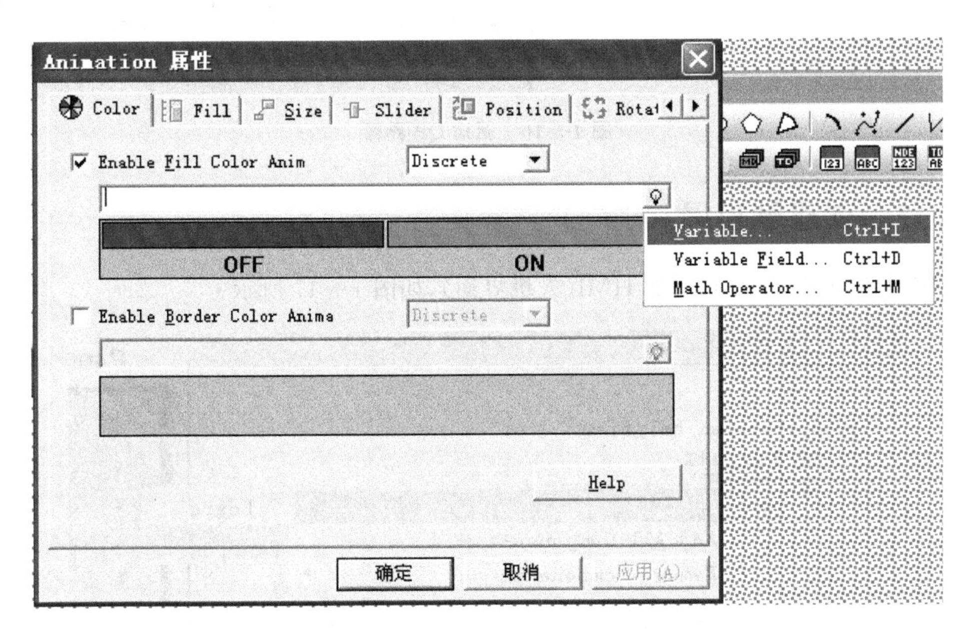

图 1-5-15 动作属性对话框

6. 下载与调试

触摸屏开发完成以后,便可进行下载与调试,使用工具下载到 QuickPanel,便可在触摸屏上看到编辑完成的画面。

5.4 触摸屏画面设计实例

5.4.1 新建 QP 界面

右击工程名 djzhengfan_hmi_fjxx，在弹出的快捷菜单中选择“Add Target”，并选择可控触摸屏“QuickPanel View/Control”，选择目标触摸屏型号，这里选择的型号为 6"TFT，如图 1-5-16 所示。

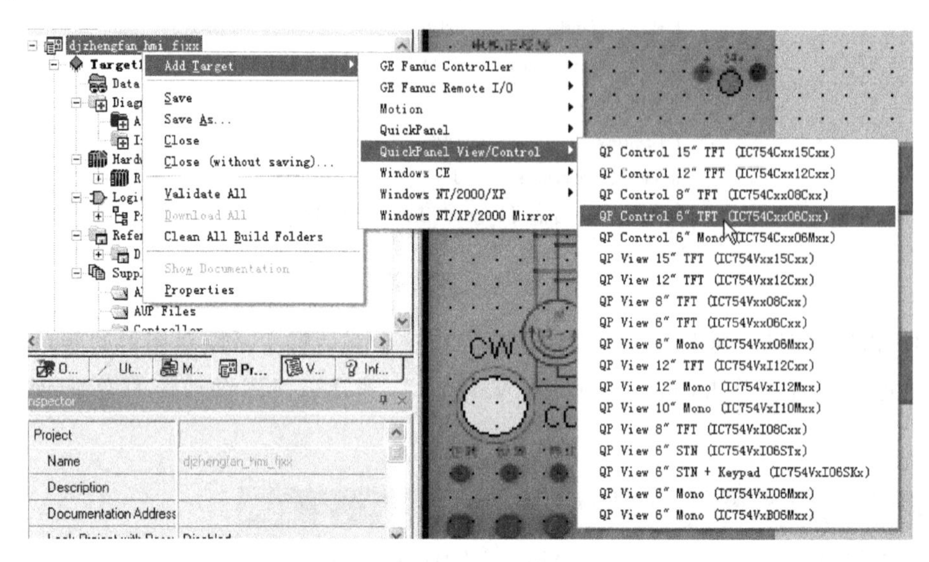

图 1-5-16　新建 QP 界面

5.4.2 创建触摸屏

右键单击新建的 Target，增加 HMI(人机界面)，如图 1-5-17 所示。

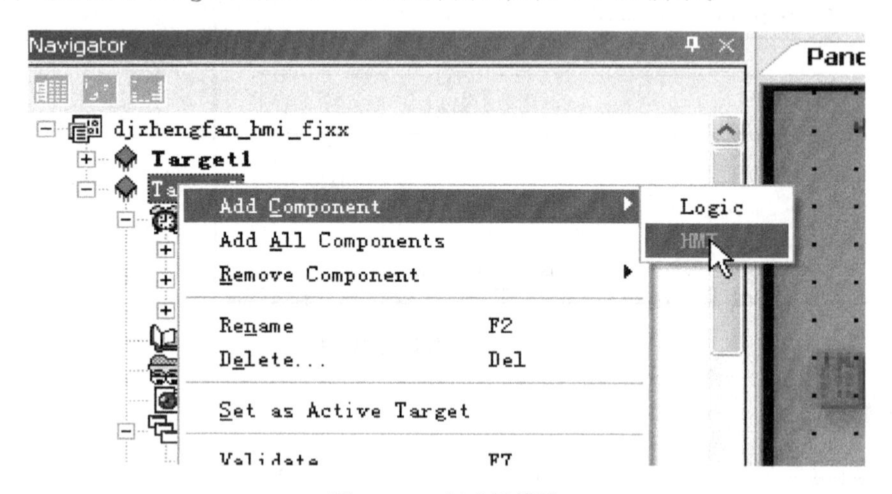

图 1-5-17　创建触摸屏

5.4.3 新建驱动

添加 GE-FANUC 驱动 GE SRTP，如图 1-5-18 所示。

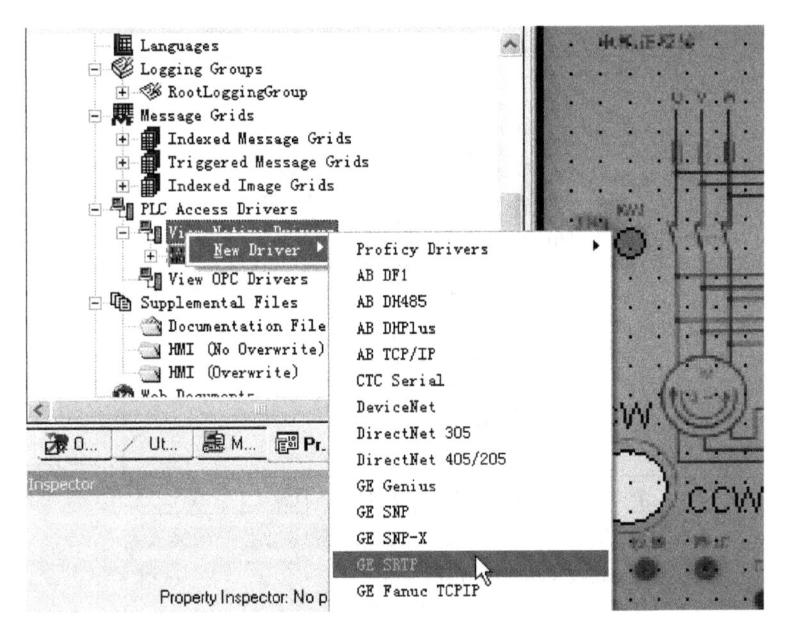

图 1-5-18 新建驱动

5.4.4 触摸屏 IP 地址配置

在 Target2 的属性框中添加触摸屏 IP 地址，如图 1-5-19 所示。

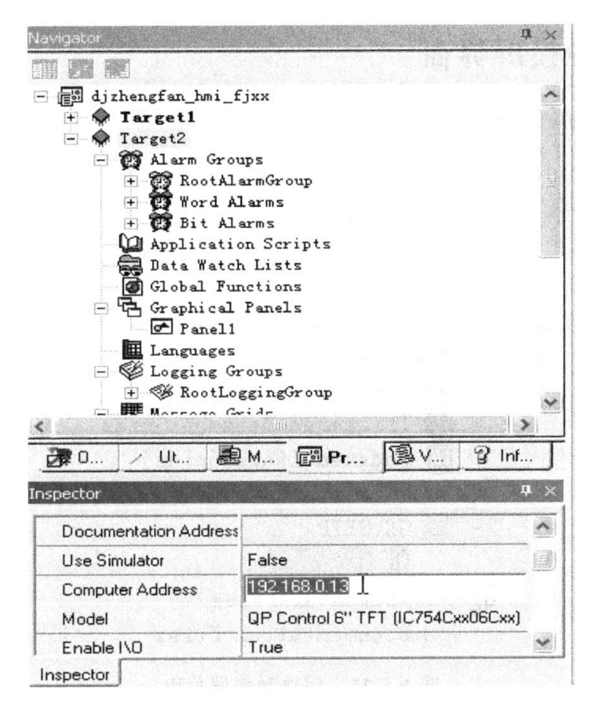

图 1-5-19 添加触摸屏 IP 地址

5.4.5 PAC 关联 IP 地址配置

在驱动中添加相关联的 PAC IP 地址，如图 1-5-20 所示。

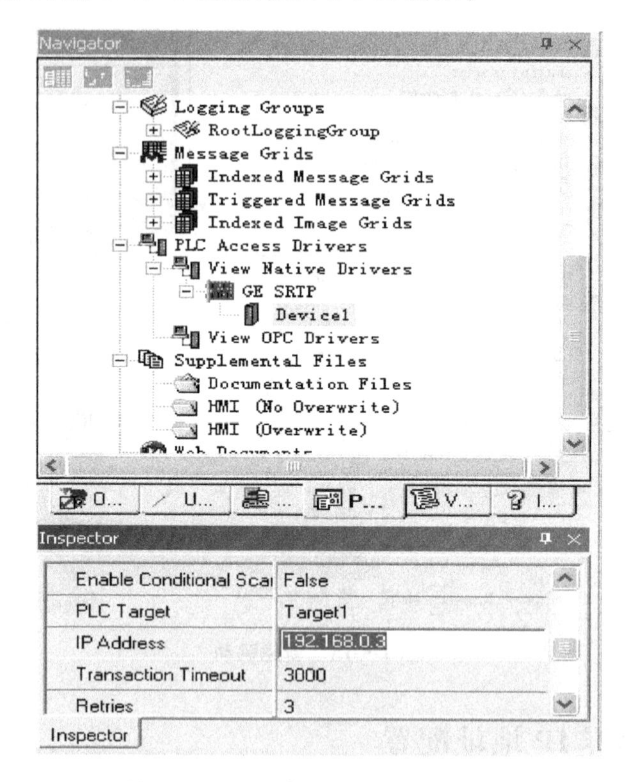

图 1-5-20 添加相关联的 PAC IP 地址

5.4.6 创建触摸屏界面

单击 Device1 进行触摸屏界面创建，如图 1-5-21 所示。

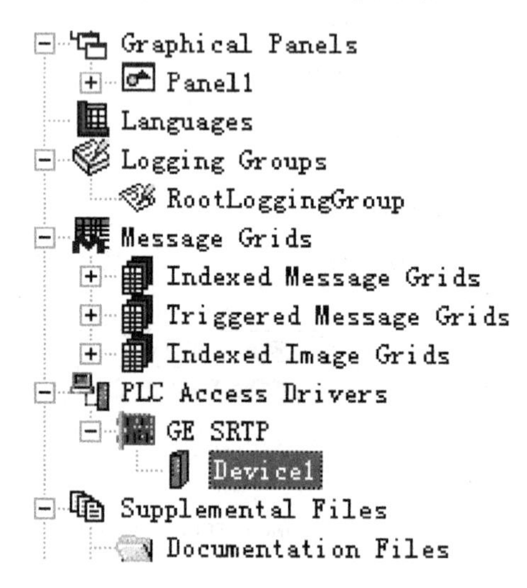

图 1-5-21 创建触摸屏界面

5.4.7 加载一张照片

单击加载画面专家,如图 1-5-22 所示。

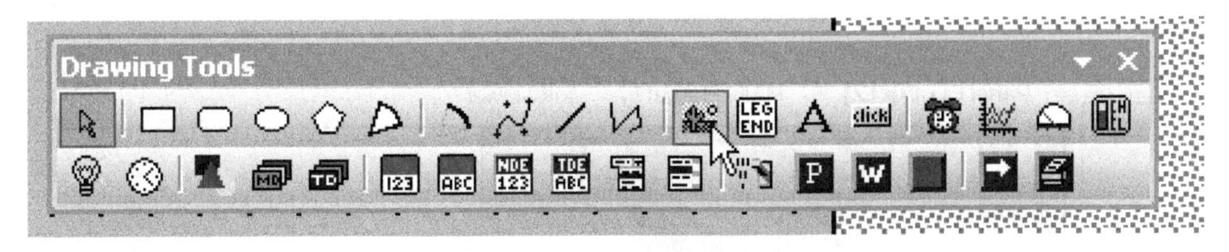

图 1-5-22 单击加载画面专家

出现画面加载工具,在画面中的任意区域拖动,调整所需画面大小,如图 1-5-23 所示。

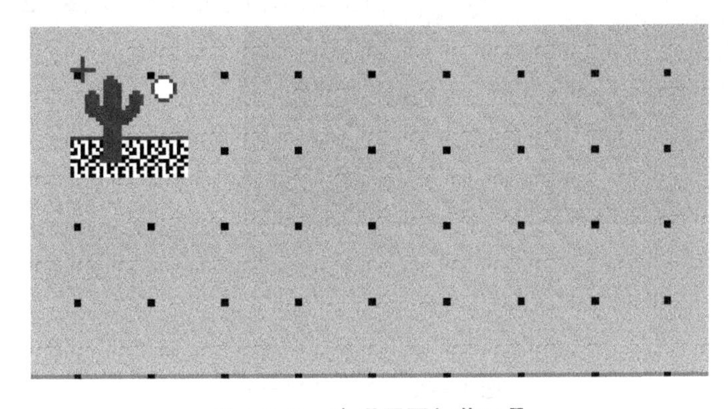

图 1-5-23 出现画面加载工具

在出现的对话框中选择所需图片,如图 1-5-24 所示(注意:图片大小选择与触摸屏内存有关),加载图片完成后,在所需位置创建关联点。

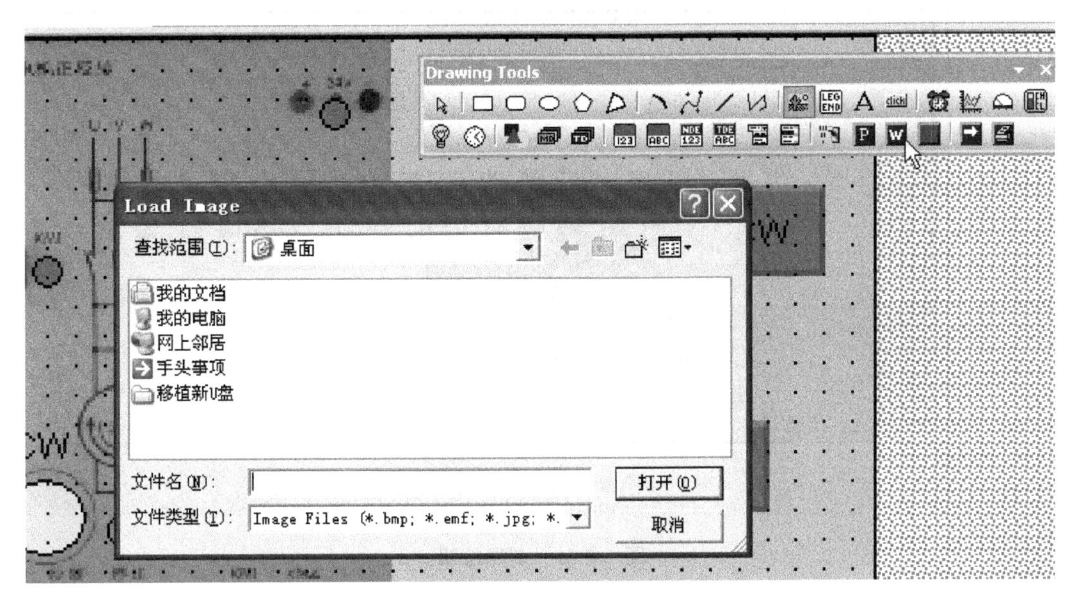

图 1-5-24 选择所需图片

5.4.8 创建一个关联点显示(具有按钮功能)

单击工具栏中的按钮专家,如图 1-5-25 所示。

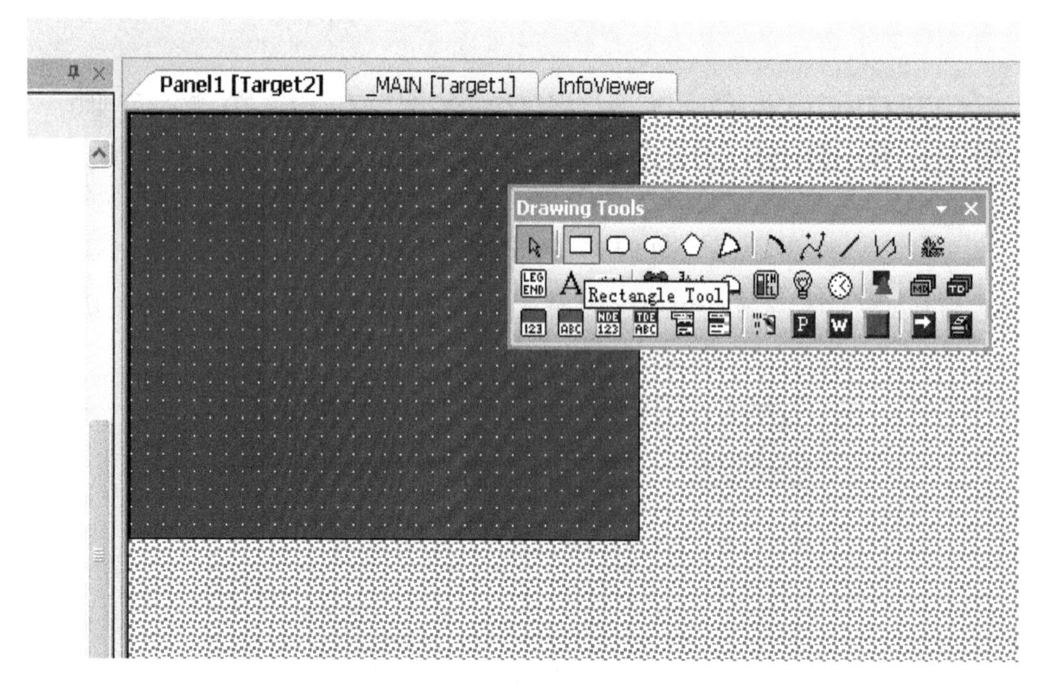

图 1-5-25 单击按钮专家

在区域内拖动以创建按钮,拖动尺寸决定按钮大小,如图 1-5-26 所示。

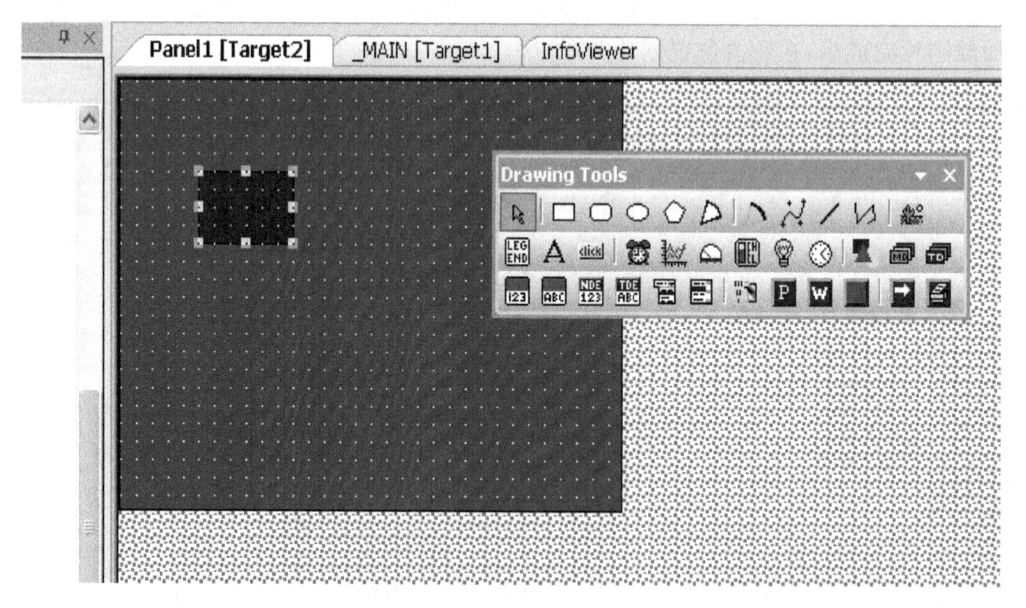

图 1-5-26 创建按钮

双击按钮选择目标变量 ON/OFF 颜色(数字变量在 0、1 状态下的颜色),如图 1-5-27 所示。

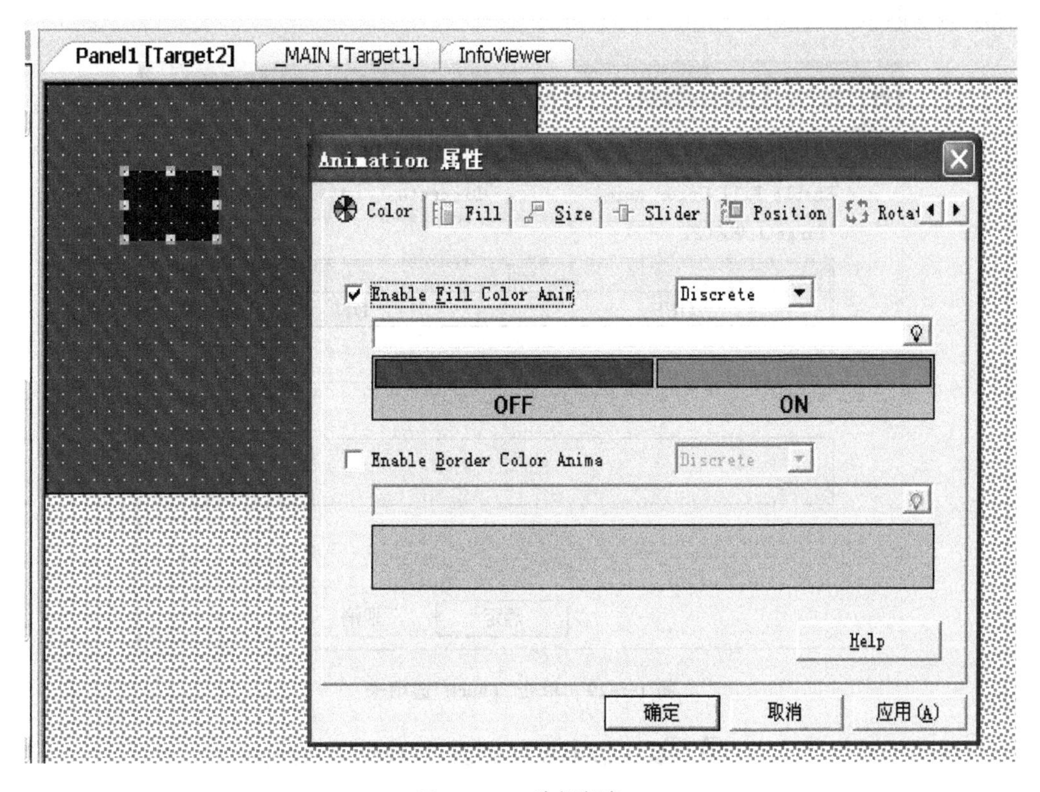

图 1-5-27 选择颜色

单击右边的小灯泡图标,选择需要的变量,如图 1-5-28 所示。

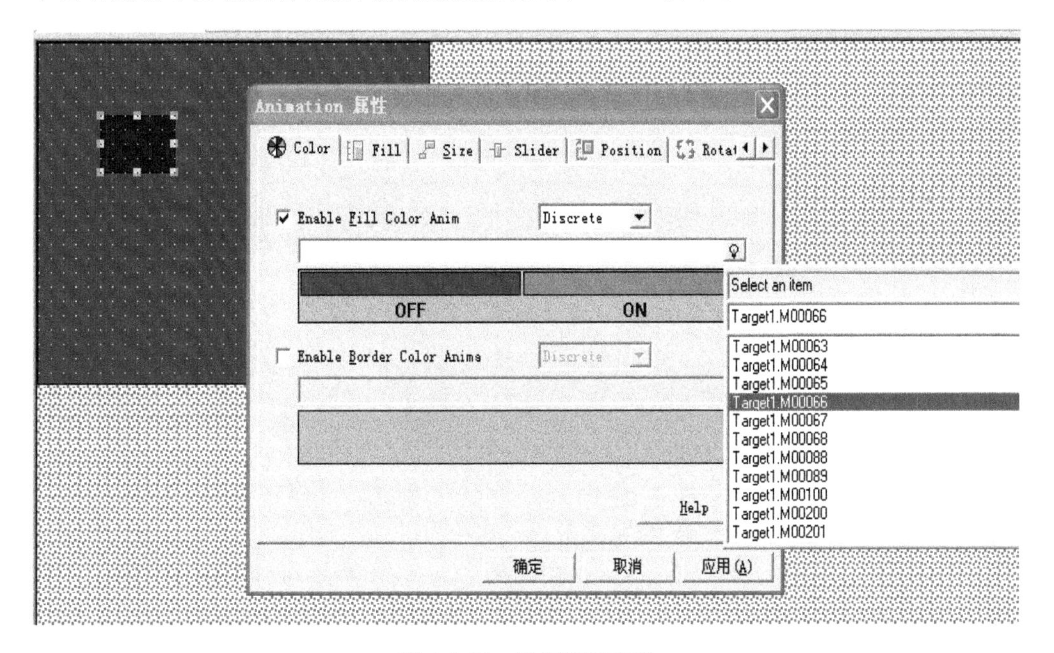

图 1-5-28 选择所需变量

颜色选择完毕后，单击"Touch"选项卡(见图 1-5-29)，选择所需 Target 里面的控制变量，实现对程序的控制。

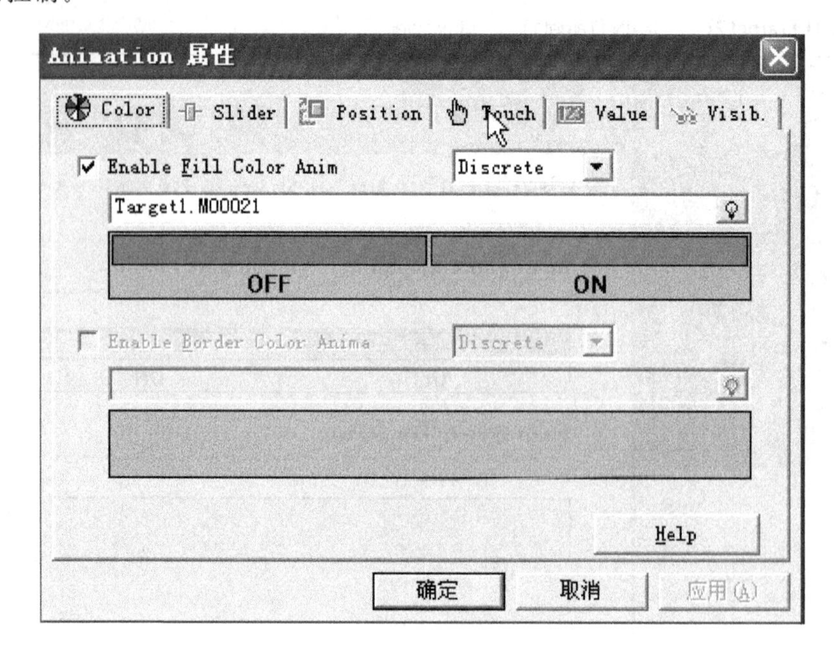

图 1-5-29　单击"Touch"选项卡

显示按钮创建完毕，单击 下载触摸屏界面，实现程序控制。

2

第2篇

项目应用篇

项目 1

电机正反转实验

一、实验概述

生产机械的动力都源于电机，电机是提供动能的支柱。有效地控制电机能够方便、有效率地为人们服务。那么，怎样才能有效地控制电机呢？生产机械往往要求部件实现正、反两个方向的运动，这就要求拖动电动机能够做正、反向旋转。由电机原理可知，改变电动机三相电源的相序，就能改变电动机的转向，通过本项目的实验来理解电机的控制原理。

二、实验目的

（1）了解电动机的基本原理。

（2）熟悉电机的控制。

（3）熟悉并学会使用 GE RX3i 系统。

（4）加深对 Proficy Machine Edition 编程软件的理解，初步掌握该编程软件的使用方法。

（5）学习基本的指令，会编写简单的程序。

（6）能实现触摸屏界面的开发和设计。

三、实验原理

使用 Proficy ME 进行 PAC 编程，使电机正反转完成以下工作流程。

启动：当按下正转启动按钮时，对应的开关 KM1 指示灯和 KMY 指示灯点亮，电机正转，延时 3 秒钟后 KMY 指示灯熄灭，KM△指示灯点亮。

启动：当按下反转启动按钮时，对应的开关 KM2 指示灯和 KMY 指示灯点亮，电机反转，延时 3 秒钟后 KMY 指示灯熄灭，KM△指示灯点亮。

停止：按下停止按钮，立即结束流程。

电机正反转实验模块图如图 2-1-1 所示。

四、实验设备和器材

GE RX3i 系统	1 套
PYS3 全自动洗衣机模块	1 个
网线	1 根
红、黄、蓝、黑连接导线	若干根
计算机	1 台

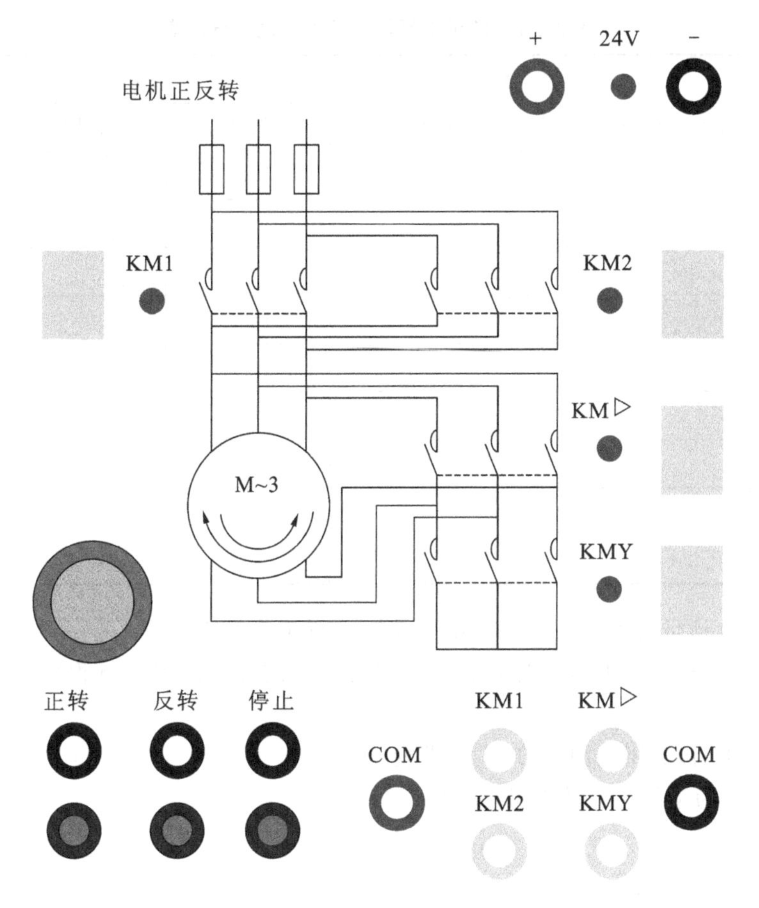

图 2-1-1 电机正反转模块图

五、实验注意事项

(1) 实验开始前应先检查仪器设备是否完整、是否处于安全状态,认真熟悉操作流程,并严格遵守操作流程和安全制度。

(2) 实验前应认真预习实验指导书,明确实验目的、原理,掌握实验内容、方法和步骤。

(3) 输入端、输出端、电源、接地线分别用蓝线、黄线、红线、黑线,以方便检查错误。在确认接线正确的情况下接通电源。

(4) 设备在移动、接线时,务必切断电源后再进行相应操作。

(5) 若发生突发情况,应立即按下红色急停按钮,以免造成不必要的损失。

(6) 实验完毕后,应清理仪器设备、工具及实验场地,经指导教师检查后方可离开实验室。

六、实验步骤

(1) 熟悉电机的工作原理。

(2) 启动 Proficy Machine Edition,创建一个工程,完成相应的硬件配置。

(3) 进行 I/O 口的地址分配并填入表 2-1-1 中。

表 2-1-1　电机正反转实验 I/O 地址分配表

输　入		输　出	
器件(触摸屏 M)	说明	器件	说明

(4) 按照 I/O 地址分配表所对应的电气接口进行正确接线。

(5) 编写 PAC 程序并下载程序,置 PAC 于运行状态,调试和运行程序,观察实际的运转情况。

(6) 实验结束后,关闭电源,整理实验器材。

图 2-1-2 所示为电机正反转参考流程图。

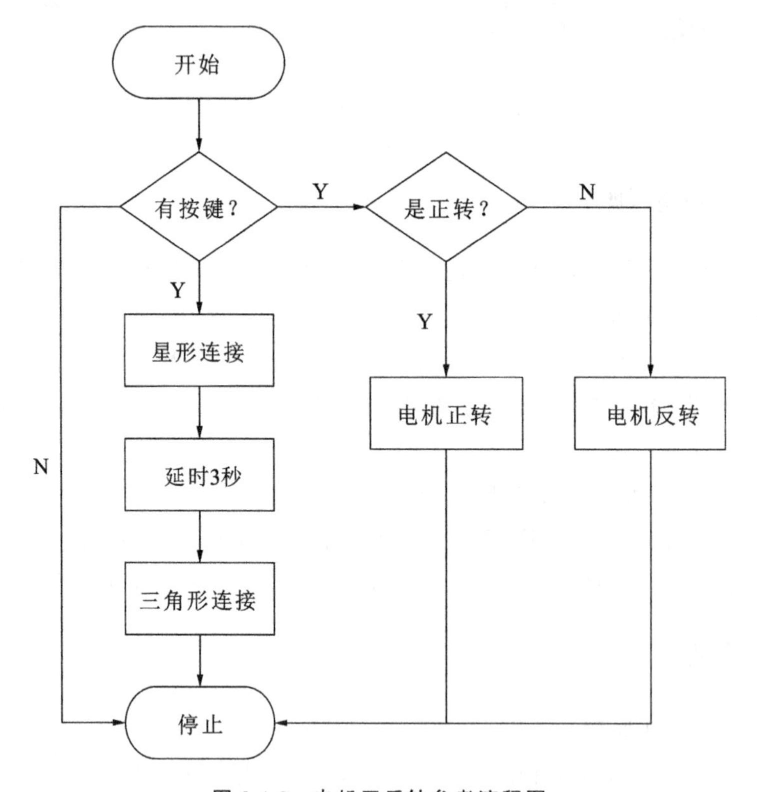

图 2-1-2　电机正反转参考流程图

七、实验报告要求

(1) 总结实验中遇到的问题及其解决方法。

(2) 按格式完成实验报告。

(3) 对实验结果进行归纳、总结。

思考：

(1) 电机为什么启动的时候由先前的 Y 型连接变成△型连接，这样有什么好处？

(2) 控制电机正反转有什么好的方法？

项目 2

舞台灯光模拟控制实验

一、实验概述

在现代演出中，舞台灯光十分重要，灯光的强度、色彩、照明区的分布、灯光的运动等都具有较大的可塑性与可控性。舞台灯光的艺术效果是随着演出的推进、舞台气氛的不断变换而展现的。舞台灯光是空间艺术与时间艺术的结合体，舞台灯光的历史发展是同戏剧的演变及科学技术的进步密切相关的。

二、实验目的

(1) 了解舞台灯光的基本原理及控制思路。

(2) 熟悉 GE RX3i 常用模块，熟悉模块与对象之间的电气连接关系。

(3) 学习使用 Proficy Machine Edition 软件开发一些简单的工程。

(4) 掌握基本指令，会编写简单的程序图。

(5) 能实现简单的 GE RX3i 系统 QuickPanel 的开发和设计。

三、实验原理

图 2-2-1 为舞台灯光自动演示装置。本系统由 10 组灯组成，分别由输出端 A、B、C、D、E、F、G、K、N、T 控制。按下启动按钮后，K、N、T 依次闪烁 0.5 s，外围灯管 A、B、C、D、E、F、G 呈由内向外扩散状依次点亮，然后熄灭，循环往复。

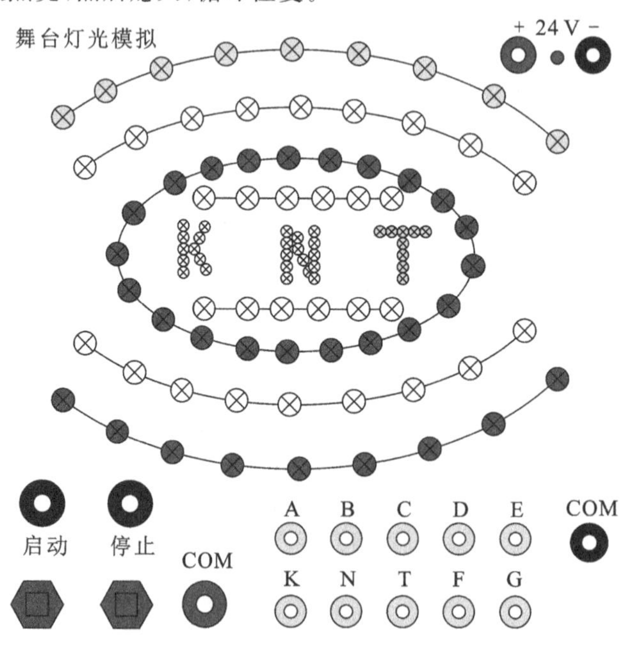

图 2-2-1 舞台灯光自动演示装置

四、实验设备与器材

GE RX3i 系统	1套
PYS3 舞台灯光模拟演示装置	1台
网线	1根
红、蓝、黑、黄连接导线	若干根
计算机	1台

五、实验注意事项

(1) 通电前认真检查各设备用电是否安全。

(2) 在确认接线正确的情况下接通电源。

(3) 设备在安装或移动时,一定要切断电源。

(4) 实验过程中一旦出现突发情况,应立即按下总电源模块上的红色急停按钮。

(5) 勿用湿手触摸电源插头,防止触电或发生火灾。

六、实验步骤

(1) 熟悉舞台灯光的实验原理。

(2) 启动 Proficy ME 软件并创建一个 RX3i 的新工程。

(3) 认真观察 RX3i 的硬件组成,然后在新工程中配置硬件组态。

(4) 根据舞台灯光模拟模块的布局进行分析,完成 I/O 地址分配表(见表 2-2-1)。

表 2-2-1 舞台灯光模拟控制实验 I/O 地址分配表

输入		输出	
器件	地址(触摸屏 M)	器件	地址

(5) 编写 PAC 程序和 QuickPanel 程序,并调试以保证正确。

(6) 按照分配的 I/O 地址进行电气接口接线。

(7) CPU 置于 STOP 状态,进行计算机与 PAC 实验台的通信连接,下载正确的程序到 PLC 和触摸屏中。

(8) 置 PLC 于运行状态,按下启动键,观察舞台灯光状态。

(9) 实验结束后,关闭电源,整理实验器材。

图 2-2-2 所示为舞台灯光参考流程图。

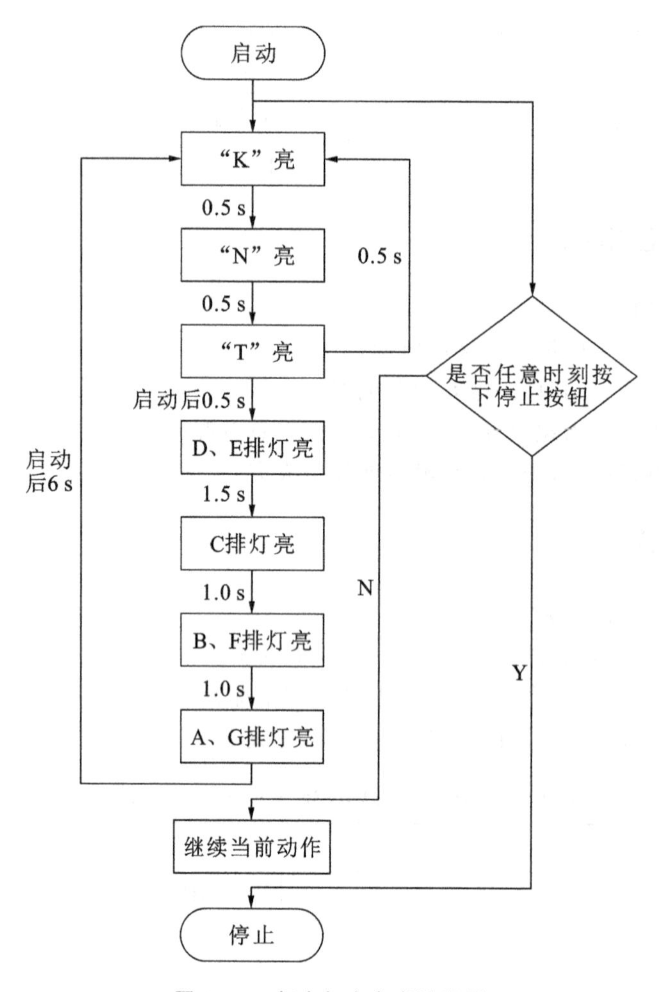

图 2-2-2 舞台灯光参考流程图

八、实验报告要求

(1) 使用规定的实验报告纸完成实验报告的撰写。

(2) 报告中须出现实验者自主编写的梯形图程序和实验流程图。

(3) 总结实验过程中出现的问题并分析其原因及其解决办法。

思考:

(1) 除了实验中所用到的指令,是否还能用其他的基本指令来实现舞台灯光的控制效果?

(2) 通过查找资料,自行设计一个霓虹灯广告屏控制程序,霓虹灯的工作时序可自己设定。

项目 3 自动刀库实验

一、实验概述

未来工具机产业的发展，均以追求高速、高精度、高效率为目标。随着切削速度的提高，切削时间的不断缩短，对换刀时间的要求逐步提高。如何快速判断最短路径、缩短换刀的时间已成为高等级工具机的一项重要指标。

二、实验目的

（1）掌握 GE PAC 数据处理指令的运用。

（2）掌握数控加工中心刀库捷径方向选择的 GE PAC 控制的程序设计方法。

（3）掌握直流电机正转反转控制电路的设计。

（4）通过该实验，加深对 Proficy Machine Edition 编程软件的理解，初步掌握该编程软件的使用。

三、实验原理

数控加工中心的刀库由步进电机或直流电机控制，本实验采用回转式刀库加工中心刀库工作台模拟装置。上面设有 8 把刀，分别在 1,2,3,…,8 个刀位，每个刀位有霍尔开关一个，如图 2-3-1 所示。刀库由小型直流减速电机带动低速旋转，转动时，刀盘上的磁钢检测信号，反映刀号位置。

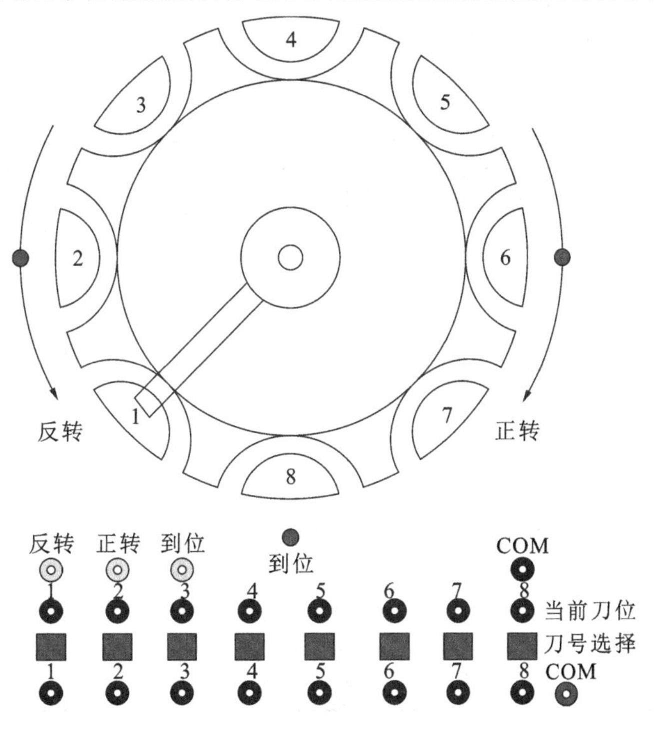

图 2-3-1 自动刀库模块图

开机时，刀盘自动复位在1号刀位，操作者可以任意选择刀号。比如，现在选择3号刀位(按住，实际机床中主要防止错选刀号)，程序判别最短路径，是正转还是反转，这时刀盘应该正转到三号刀位，到位后，会看到到位信号灯常亮，告知刀已选择，此时松开选择按钮。

四、实验设备和器材

GE RX3i 系统	1套
PYS3 自动刀库模块	1个
网线	1根
红、黑、黄、蓝连接导线	若干根
计算机	1台

五、实验注意事项

(1) 使用时禁止用手触摸直流220 V电源进口处，每次上电之前查看是否脱落，以防触电。

(2) 严格按照各模块接口对应颜色接线(输入模块接绿色导线，输出模块接黄色导线，电源线接红色导线，接地线使用黑色导线)，防止接错，接错会损坏GE PAC模块或设备上传感器等元器件，方便电路检查。

(3) 接线完成后，检查线路，确认接线正确的情况下接通电源。

(4) 如果出现紧急情况，按下红色急停按钮，排除故障后恢复供电。

六、实验步骤

(1) 创建新工程。

(2) 完成相应的硬件配置。

(3) 完成以太网的通信设置，实现通信。

(4) 根据自动刀库的电气接口分配I/O地址并填入表2-3-1中，然后连线。

表2-3-1　自动刀库实验I/O地址分配表

器件	说明	器件	说明	器件	说明

(5) 绘制自动刀库工作流程图(见图 2-3-2),并检查是否符合逻辑。

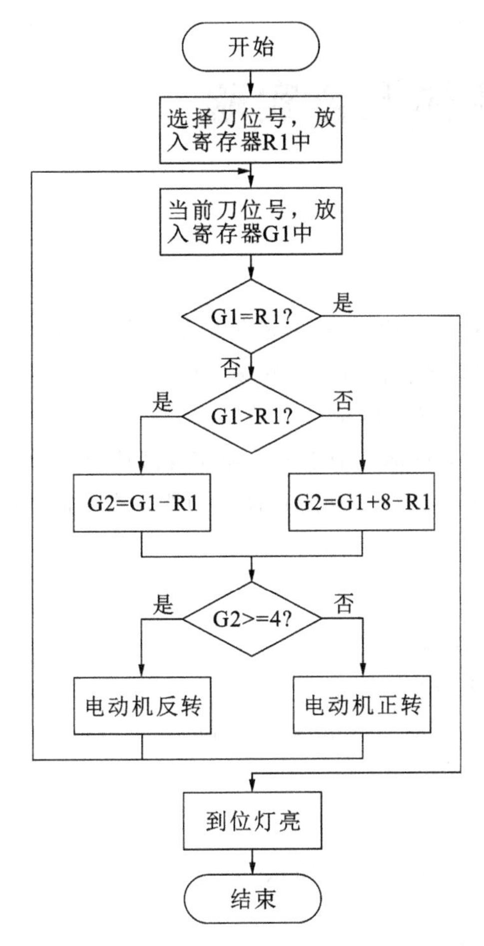

图 2-3-2 自动刀库流程图

(6) 根据流程图编写 GE PAC 程序,并检查以保证正确。

(7) 下载程序,置 GE PAC 于运行状态,选择刀号,观察刀库的实际运转情况。

(8) 实验结束后,关闭电源,整理实验器材。

七、实验报告要求

(1) 按格式完成实验报告。

(2) 写出自己编写的程序。

(3) 绘制程序流程图。

思考:

(1) 若索取刀号(希望的刀号)的数据用拨码开关输入,则其控制程序如何?

(2) 如果出现误操作,加工刀停在了两个刀位之间,下次启动时加工刀能否正常复位?为什么?

项目4 多种液体混合实验

一、实验概述

在炼油、化工、制药、饮料等行业中,两种液体的混合是必不可少的工序。但由于目前这些行业多为易燃易爆、有毒、有腐蚀性的介质，现场工作环境十分恶劣,不适合人工现场操作。另外,生产要求该系统具有混合精确、控制可靠等特点,这是人工操作和半自动化控制难以实现的。所以,为了帮助相关行业，特别是中小型企业实现液体混合的自动控制，从而达到准确、高效地混合液体的目的,多种液体混合自动配料便成为摆在大家面前的一大课题。

二、实验目的

(1) 掌握 PAC 演示指令的运用。

(2) 熟悉并学会使用 GE RX3i 系统。

(3) 加深对 Proficy Machine Edition 编程软件的理解,初步掌握该编程软件的使用方法。

三、实验原理

多种液体混合装置示意图如图 2-4-1 所示。

四、实验设备和器材

GE RX3i 系统	1 套
PYS3 多种液体混合模块	1 个
网线	1 根
红、黄、蓝、黑连接导线	若干根
计算机	1 台

五、实验注意事项

(1) 在本系统中,所有的实验模块输入都采用外正内负的接线方法,输出模块都采用外负内正的接线方法,所有的控制对象输入、输出都采用外负内正的接线方法。若接错,会损坏 PAC 模块或设备上的传感器等元器件。

(2) 设备在安装或移动时,要切断电源。

(3) 在出现紧急意外情况下,要及时按下急停按钮,以免意外发生。

(4) 移动设备上输出端口的颜色和固定设备上输出端口的颜色都是一一对应的,为黄色,理应对号入座,输入端口同理。

(5) 实验完毕后,应清理仪器设备、工具及实验场地,经指导教师检查后方可离开实验室。

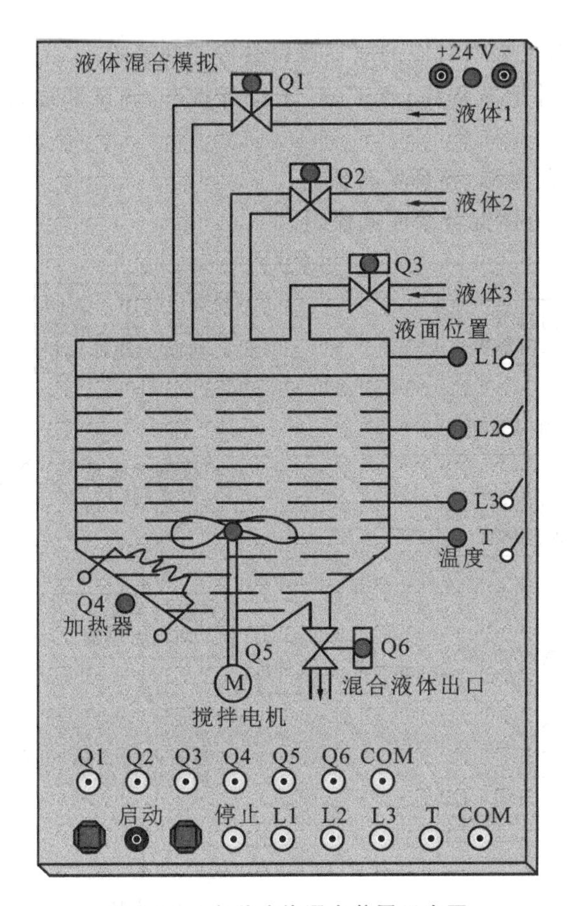

图 2-4-1 多种液体混合装置示意图

六、实验步骤

（1）创建新工程。

（2）完成相应的硬件配置。

（3）填写 I/O 地址分配表（见表 2-4-1）。

表 2-4-1 多种液体混合实验 I/O 地址分配表

输　　入		输　　出	
器件（触摸屏 M）	说明	器件	说明

(4) 按照 I/O 地址分配表所对应的电气接口进行正确接线。

(5) 编写 PAC 程序并下载程序,置 PAC 于运行状态,调试和运行程序,观察实际的运转情况。

(6) 实验结束后,关闭电源,整理实验器材。

图 2-4-2 所示为多种液体混合参考流程图。

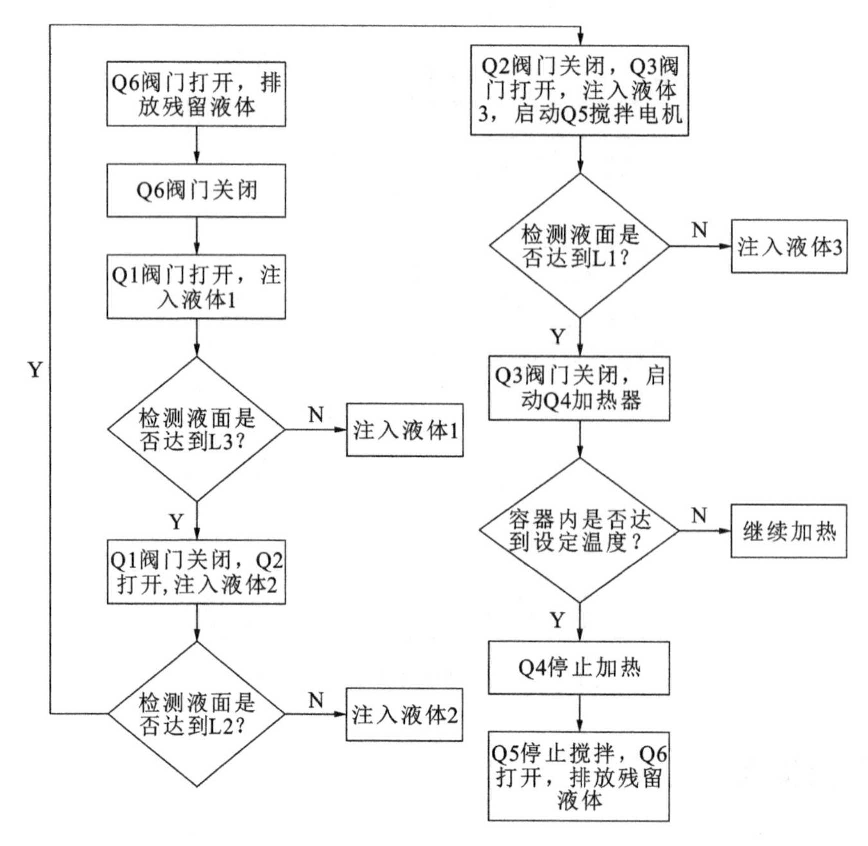

图 2-4-2 多种液体混合参考流程图

七、实验报告要求

(1) 写出本次实验在应用方面具有的意义。

(2) 写出本次实验中遇到的问题。

(3) 对实验进行总结、反思。

思考:

(1) 能否在原模块的基础上增加更多的功能?

(2) 能否用自己喜欢的流程去编辑程序完成该模块的学习?

项目 5

电梯模拟控制实验

一、实验概述

电梯是我们日常生活中的重要工具，住宅楼、商业大厦等很多高建筑物中都有它的应用。

随着我国经济的高速发展，微电子技术、计算机技术和自动化控制技术得到了迅速发展，交流变频调速技术已经进入一个崭新的时代，其应用越来越广。而电梯作为现代高层建筑的垂直交通工具，与人们的生活紧密相关，随着人们对其要求的提高，电梯得到了快速发展，其拖动技术已经发展到了调频调压调速，其逻辑控制已由 PAC 代替原来的继电器控制。

本实验旨在适应现代电梯发展的需求，在 GE RX3i 系统中利用 PAC 实现对现代电梯技术的模拟，有着非常重要的意义。

二、实验目的

(1) 了解三层电梯的基本原理。

(2) 熟悉电梯的控制。

(3) 熟悉并学会使用 GE RX3i 系统。

(4) 加深对 Proficy Machine Edition 编程软件的理解，初步掌握该编程软件的使用方法。

(5) 学习基本的指令，会编写简单的程序图。

(6) 能实现触摸屏界面的开发和设计。

三、实验原理

按下启动按钮，电梯至工作准备状态。

三个楼层信号任意一个置 1，表示电梯停的当前层，此时楼层信号灯点亮。按下电梯外呼信号 UP 或者 DOWN，电梯升降到所在楼层，电梯门打开，延时闭合，此时模拟人进入电梯。进入电梯后，按下内呼叫信号，选择要去的楼层，关闭楼层限位(模拟轿厢离开当前层)，打开目标楼层限位(表示轿厢到达该层)，电梯门打开，延时闭合，模拟人出电梯过程。

图 2-5-1 所示为电梯模拟控制模块图。

四、实验设备和器材

GE RX3i 系统	1 套
PYS3 三层电梯模块	1 个
网线	1 根
红、黄、蓝、黑连接导线	若干根
计算机	1 台

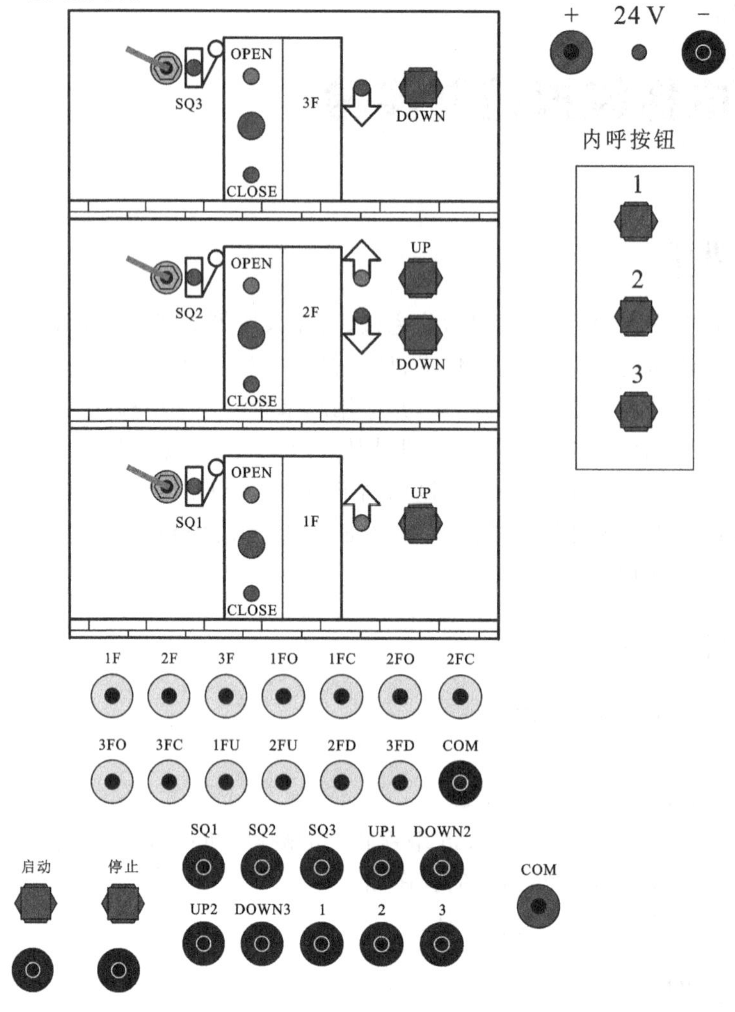

图 2-5-1　电梯模拟控制模块图

五、实验注意事项

(1) 使用时注意直流电源的 220 V 电源进口处,每次上电之前查看是否脱落,以防触电。

(2) 在确认接线正确的情况下接通电源。

(3) 设备在安装或移动时,要切断电源。

(4) 接线时应注意导线颜色的使用:电源正极使用红色导线,电源负极及接地线使用黑色导线,输入信号线使用蓝色导线,输出信号线使用黄色导线。

六、实验步骤

(1) 创建新工程。

(2) 完成相应的硬件配置。

(3) 完成以太网的通信设置,实现通信。

(4) 进行 I/O 口的地址分配并填入表 2-5-1 中,然后接线。

表 2-5-1　电梯模拟控制实验 I/O 地址分配表

输　　入		输　　出	
器件(触摸屏 M)	说明	器件	说明

(5) 进行触摸屏的创建和通信连接。

(6) 进行主程序和触摸屏程序的下载,并实现程序的运行。

图 2-5-2 所示为电梯模拟控制参考流程图。

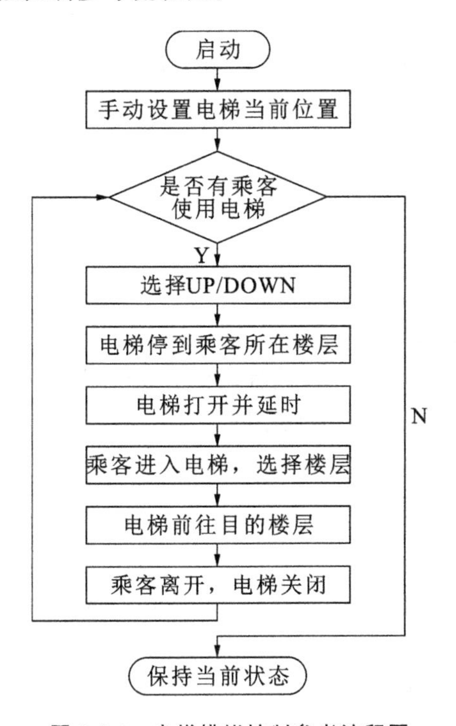

图 2-5-2　电梯模拟控制参考流程图

七、实验报告要求

(1) 设计并画出自己的程序图。

(2) 用定时器设置不同的时间间隔,体会定时器的使用。

思考:

定时时间可以小到什么程度？如果时间间隔太小,会出现什么问题？分析出现此现象可能的原因。

项目 6

轧钢机模拟控制实验

一、实验概述

轧钢机是实现金属轧制过程的设备。随着冶金工业的发展，现已有多种类型的轧钢机，但是用轧钢机进行工业生产控制会造成产品质量不高、能源利用率低等问题。所以，在我国现代化的建设中实现高效率地使用设备和控制系统，有着极为重要的实际意义。

随着现代工业设备的自动化，越来越多的工厂设备采用 PAC、变频器、人机界面自动化器件来控制，因此自动化程度越来越高。而且，目前国际上轧钢机发展的趋向是连续化、自动化、专业化，产品质量高，消耗低。新型的轧钢机采用了一整套先进的自动化控制系统，全线生产过程和操作监控均由计算机控制实施，大大提高了工业生产效率。

本实验旨在适应现代化轧钢机发展的需求，在 GE RX3i 系统中利用 PAC 实现对现代轧钢机技术的模拟，有着非常重要的意义。

二、实验目的

（1）了解轧钢机的基本原理。

（2）熟悉轧钢机的控制。

（3）熟悉并学会使用 GE RX3i 系统。

（4）加深对 Proficy Machine Edition 编程软件的理解，初步掌握该编程软件的使用方法。

（5）学习基本的指令，会编写简单的程序图。

（6）能实现触摸屏界面的开发和设计。

三、实验原理

当起始位置检测到有工件时，电机 M1、M2 开始转动 M3（正转），同时轧钢机的挡位至 A 挡，将钢板扎成 A 挡厚度，当钢板运行到左检测位，电磁阀得电，左面滚轴升高，M2 停止转动，电机 M3 反转，将钢板送回起始侧。

此时起始侧再检测到有钢板，轧钢机跳到 B 挡，把钢板扎成 B 挡厚度，电磁阀得电，滚轴下降，M3 正转，M2 转动，当左侧检测到钢板时 M2 停止转动，电磁阀得电，滚轴抬高，M3 反转，将钢板运到起始侧。

如此循环，直到 A、B、C 三挡全部轧完，钢板达到指定的厚度，轧钢完成。

轧钢机模拟界面如图 2-6-1 所示。

四、实验设备和器材

GE RX3i 系统	1 套
PYS3 轧钢机模块	1 个

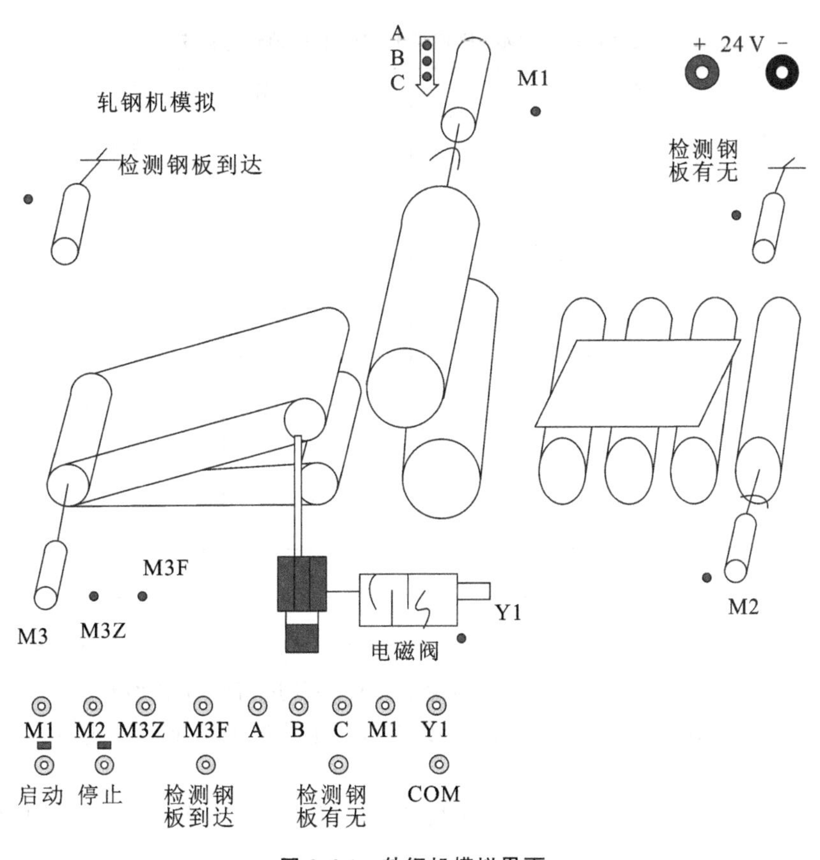

图 2-6-1 轧钢机模拟界面

网线	1 根
红、黄、蓝、黑连接导线	若干根
计算机	1 台

五、实验注意事项

(1) 使用时注意直流电源的 220 V 电源进口处，一定不要用手触摸，每次上电之前查看是否脱落，以防触电。

(2) 在确认接线正确的情况下接通电源。

(3) 设备在安装或移动时，要切断电源。

(4) 接线时应注意导线颜色的使用：电源正极使用红色导线，电源负极及接地线使用黑色导线，输入信号线使用蓝色导线，输出信号线使用黄色导线。

六、实验步骤

(1) 创建新工程。

(2) 完成相应的硬件配置。

(3) 完成以太网及 PAC 通信地址的设置，实现计算机与 PAC 的通信连接。

(4) 进行 I/O 口的地址分配并填入表 2-6-1 中，按照 I/O 地址分配表接线。

表 2-6-1 轧钢机模拟控制实验 I/O 地址分配表

输入		输出	
器件	地址	器件	地址

(5) 在梯形图编辑器中创建自己编写的梯形图程序并进行编译和检查。

(6) 创建触摸屏、对触摸屏安装驱动程序以及设置触摸屏的地址以实现触摸屏与计算机的通信连接。

(7) 在触摸屏的图像绘制区域绘制轧钢机的触摸屏显示的图像,并对输入和输出各变量进行相应的地址分配及相关动作的设置。

(8) 将主程序和触摸屏程序下载到 PAC 和触摸屏里,并运行程序。

轧钢机模拟控制参考流程图如图 2-6-2 所示。

七、实验报告要求

(1) 总结实验中遇到的问题及其解决方法。

(2) 按格式完成实验报告。

(3) 对实验结果进行归纳、总结。

思考:

(1) 用定时器设置不同的时间间隔,体会定时器的使用。时间间隔可以短到什么程度?如果时间间隔太短,会出现什么问题?分析出现此问题可能的原因。

(2) 如果工件卡住怎么办?设计一个报警装置,在此实验中实现其报警功能。

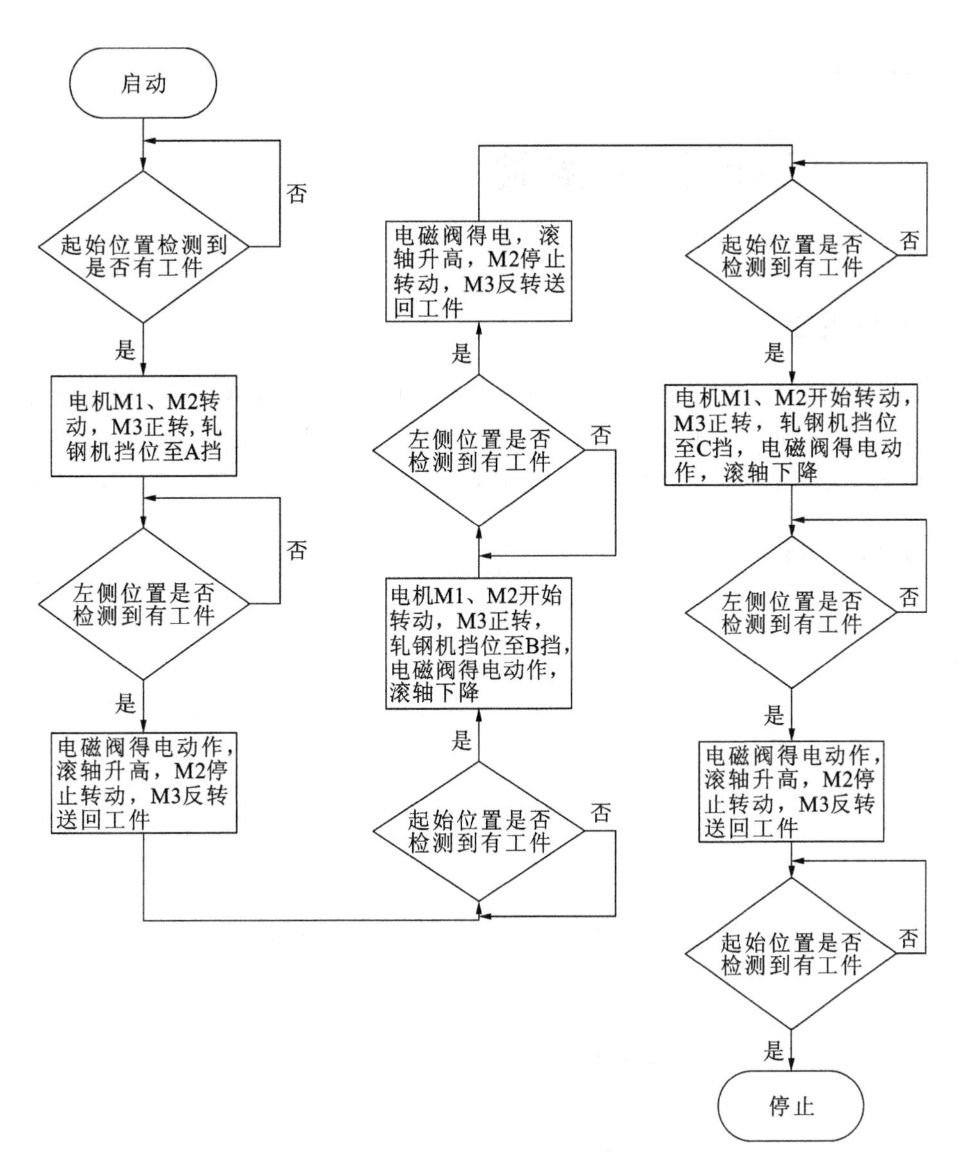

图 2-6-2 轧钢机模拟控制参考流程图

项目 7

自动成型机实验

一、实验概述

钢板自动成型机的功能主要是将钢板压制成预定的形状，实现钢板生产的自动化，提高生产力。目前世界主流钢板成型方式大致上可以分为两个派别，即热成型和冷成型。

本实验主要是用来模拟钢板自动成型机的成型过程，加深对工业钢板自动成型机的理解。

二、实验目的

(1) 了解电动机的基本原理。

(2) 熟悉并学会使用 GE RX3i 系统。

(3) 加深对 Proficy Machine Edition 编程软件的理解，初步掌握该编程软件的使用方法。

(4) 学习基本的指令，会编写简单的程序。

(5) 能实现触摸屏界面的开发和设计。

三、实验原理

在工业中，自动成型机使用得相当广泛。要实现以下控制要求：

初始状态→当原料放入成型机时，各液压缸和传感器的初始状态为 S1＝S4＝S6＝ON，Y1＝Y2＝Y4＝OFF，Y3＝ON，S2＝S3＝S5＝OFF。

成型开始→按下启动按钮，系统动作如下：

① Y2＝ON，上面油缸的活塞向下运动，使 S4＝OFF，当该液压缸活塞下降到终点时，S3＝ON；

② 启动左、右液压缸，Y1 的活塞向右运动，右液压缸的活塞向左运动，Y3＝OFF，Y1＝Y4＝ON，使 S1＝S6＝OFF；

③ 当左液压缸活塞运动到终点 S2＝ON，并且右液压缸活塞也到终点 S5＝ON 时，原料已成型，各液压缸开始退回原位。左、右液压缸返回，Y1＝Y4＝OFF，Y3＝ON 使 S2＝S5＝OFF。

自动成型机模块图如图 2-7-1 所示。

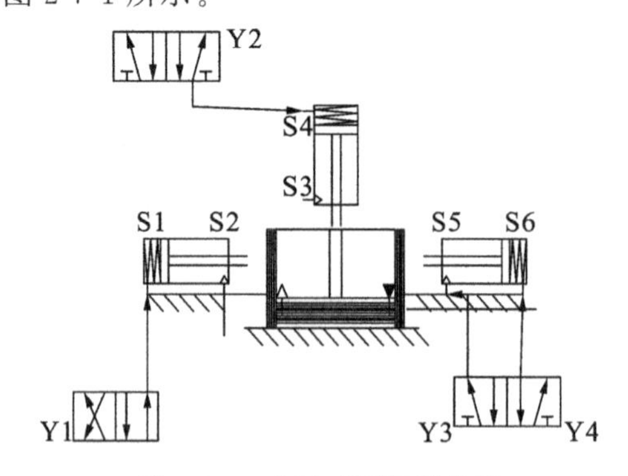

图 2-7-1　自动成型机模块图

四、实验设备和器材

GE RX3i 系统	1 套
PYS3 自动成型模块	1 个
网线	1 根
红、黄、蓝、黑连接导线	若干根
计算机	1 台

五、实验注意事项

（1）实验过程中一旦出现紧急情况，要立即按下总电源模块上的急停按钮。

（2）长时间不使用设备时要切断电源。

（3）不同颜色导线的用途不同。蓝色导线用于输入端连接，黄色导线用于输出端连接，红色导线用于电源正极端的连接，黑色导线用于电源负极端和输入 COM 端的连接。

（4）所有的实验模块输入都采用外正内负的接线方法，输出模块都采用外负内正的接线方法，所有的控制对象输入、输出都采用外负内正的接线方法。接线时若接错，会损坏 PAC 模块或设备上的传感器等元器件。

六、实验步骤

（1）熟悉 Proficy ME 操作及对 PAC 的硬件组态。

（2）对自动成型机系统进行 I/O 口分配。

（3）根据 I/O 口地址分配表（见表 2-7-1）连线。

（4）新建一个工程，完成相应的硬件配置。设置以太网通信连接，与 PAC 实现通信。

（5）编辑自动成型机实验程序。

（6）新建一个触摸屏对象，设置与触摸屏的通信，添加 HMI，进行触摸屏的开发设计。

表 2-7-1 自动成型机实验 I/O 地址分配表

输　入		输　出	
器件	地址	器件	地址

自动成型机参考流程图如图 2-7-2 所示,图中 1 表示 ON,0 表示 OFF。

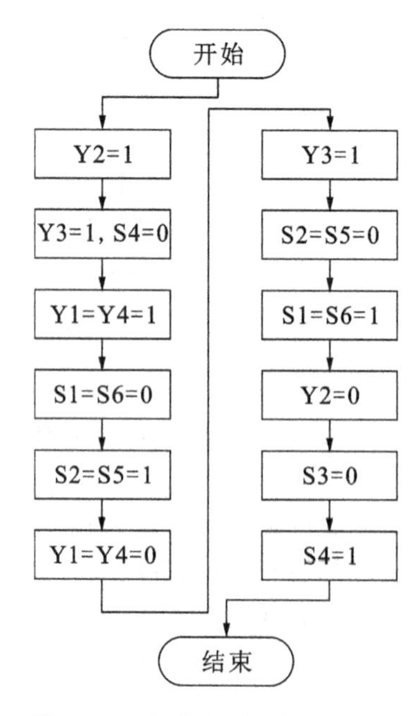

图 2-7-2 自动成型机参考流程图

六、实验报告要求

(1) 总结自动成型机原理及成型步骤。

(2) 完成 I/O 地址分配表,编辑自动成型机的实验程序,设计开发触摸屏界面。

(3) 总结实验过程中出现的问题,分析原因。

七、实验报告要求

(1) 总结实验中遇到的问题及其解决方法。

(2) 按格式完成实验报告。

(3) 对实验结果进行归纳、总结。

思考:

(1) 总共有几种方法可以实现自动成型机的控制程序?

(2) 查找资料,拓展自动成型机在工业上的应用及意义。

项目 8

交通灯模拟实验

一、实验概述

交通信号灯的出现使交通得以有效管制，对于疏导交通流量、提高道路通行能力、减少交通事故有明显效果。为了实现交通管理科学化，可使用可编程自动化控制系统。实验证明，该系统能够起到简单、经济、有效地疏导交通，提高交通路口通行能力等作用。分析现代城市交通控制与管理问题的现状，结合交通的实际情况，阐述交通灯控制系统的工作原理，给出一种简单、实用的城市交通灯控制系统的 PLC 设计方案。可编程控制器在工业自动化中的地位极为重要，它广泛应用于各个行业。随着科技的发展，可编程控制器的功能日益完善，加上它具有小型化、价格低、可靠性高等特点，在现代工业中的作用更加突出。

二、实验目的

（1）掌握使用 PAC 控制十字路口交通灯的程序设计方法。

（2）掌握 PAC 与外部电路的实际接线。

（3）加深对 Proficy Machine Edition 编程软件的理解，初步掌握该编程软件的使用方法。

（4）学习基本的指令，会编写简单的程序。

（5）能实现触摸屏界面的开发和设计。

三、实验要求

十字路口交通信号灯在我们日常生活中经常会遇到，其控制通常采用数字电路或单片机来实现，这里我们用 PLC 对其进行控制。

图 2-8-1 所示为十字路口两个方向交通灯自动控制工作波形图。

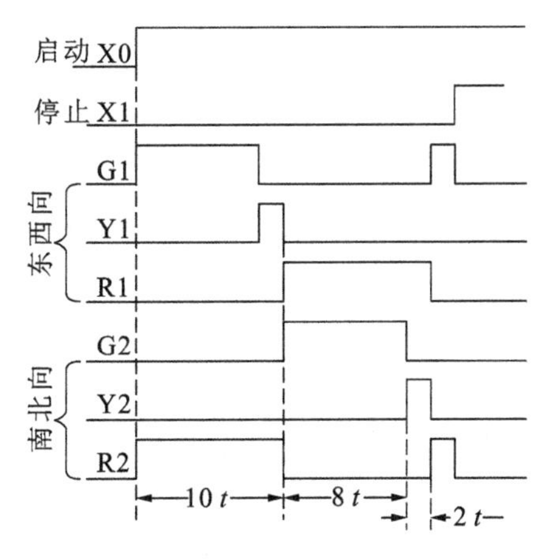

图 2-8-1　交通灯自动控制工作波形图

图 2-8-2 所示为交通灯模拟模块图。

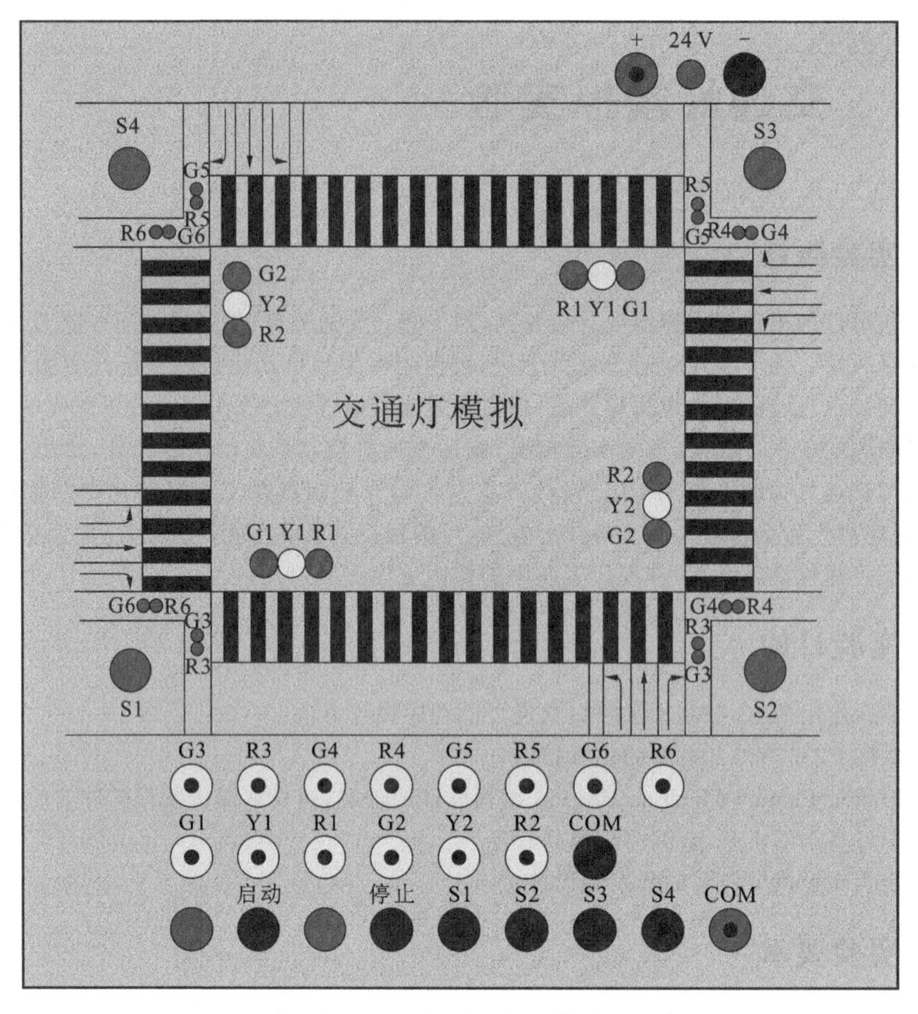

图 2-8-2 交通灯模拟模块图

四、实验设备和器材

GE RX3i 系统	1 套
PYS3 交通灯模块	1 个
网线	1 根
红、黑、蓝、黄连接导线	若干根
计算机	1 台

五、实验注意事项

(1) 实验开始前应先检查仪器设备是否完整、是否处于安全状态,认真熟悉操作规程,并严格遵守安全环保制度。

(2) 使用时注意直流电源的 220 V 电源进口处,一定不要用手触摸,每次上电之前查看是否脱落,以防触电。

(3) 严格遵守操作规程,服从指导教师的指导。

(4) 实验完毕后,应清理仪器设备、工具及实验场地,经指导教师检查后方可离开实验室。

六、实验步骤

(1) 熟悉 PAC 硬件的结构,熟练掌握软件和触摸屏的使用方法。

(2) 编写 PLC 程序,并检查以保证其正确。

(3) 按照电气接口图接线。图 2-8-2 所示为交通灯模拟模块的展示,按照 I/O 地址分配表连接线路。

(4) 交通灯模拟的 I/O 地址分配表如表 2-8-1 所示。

(5) 创建工程名,并进行硬件配置。

(6) 触摸屏的创建和通信连接。

(7) 主程序和触摸屏程序的下载,实现程序的运行。

(8) 置 PAC 于运行状态,按下启动键,观察交通灯状态。

(9) 实验结束后,关闭电源,整理实验器材。

表 2-8-1 交通灯模拟实验 I/O 地址分配表

输入		输出	
器件	说明	器件	说明

交通灯模拟参考流程图如图 2-8-3 所示。

七、实验报告要求

(1) 完成 I/O 地址分配表,编辑交通灯模拟的实验程序,设计开发触摸屏界面。

(2) 整理调试好的控制交通信号灯的功能图和梯形图。

(3) 总结实验过程中出现的问题并分析其原因及解决办法。

思考:

(1) 若用移位寄存器的指令实现交通灯的控制,其程序如何?

(2) 若用步进顺控指令实现控制,其程序如何?

(3) 在交通灯的实际控制电路中,若红灯、黄灯和绿灯的显示用交流 36 V 或 220 V 灯泡,其实际电气接线图如何?

(4) 若在程序中加入 S1、S2、S3、S4 人行道按钮,程序的编写如何?

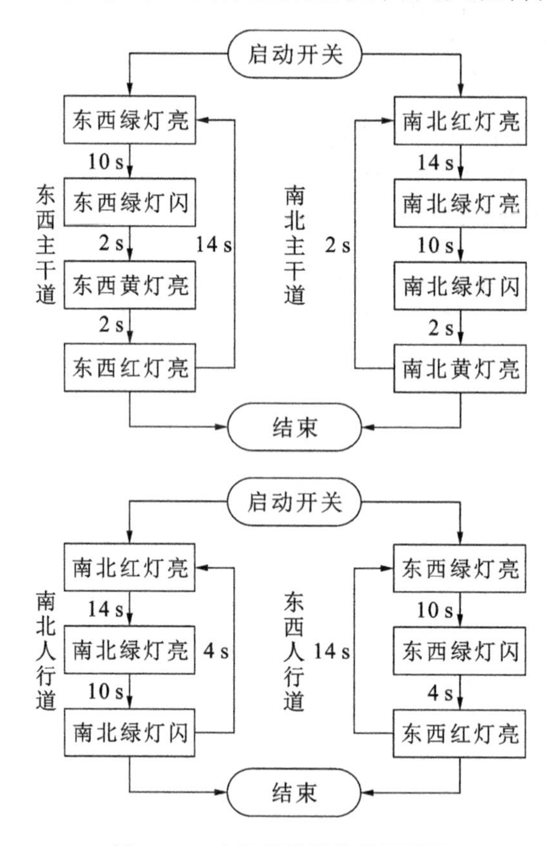

图 2-8-3　交通灯模拟参考流程图

项目 9

洗衣机模拟控制实验

一、实验概述

全自动洗衣机是我们日常生活中普遍使用的自动化电器，它给我们的生活带来了极大方便，那我们是否了解它是怎样工作的呢？通过本实验，我们能更好地理解洗衣机的结构及工作原理。编写程序实现对洗衣机的控制，能进一步熟悉 PAC 指令，为我们以后对 PAC 指令的理解打下坚实的基础。

二、实验目的

(1) 了解洗衣机的基本原理。
(2) 熟悉洗衣机的控制。
(3) 熟悉并学会使用 GE RX3i 系统。
(4) 加深对 Proficy Machine Edition 编程软件的理解，初步掌握该编程软件的使用方法。
(5) 学习基本的指令，会编写简单的程序。
(6) 能实现触摸屏界面的开发和设计。

三、实验原理

洗衣机模拟实验模块图如图 2-9-1 所示。

启动：按下启动按钮，进水口开始进水，进水口指示灯亮，当水位达到高水位限制开关的时候，停止进水，运行指示灯亮。

洗衣过程：当进水完成后，洗涤电机开始转动，运行指示灯闪烁；为了更好地洗涤衣服，我们设定洗涤电机正转、反转相互交替三次（可自由改动）；当设定洗涤次数完成时，排水指示灯亮，洗涤电机停止转动；将桶内水排完，当水排完后，洗涤电机启动，将衣服甩干；当设定的时间结束时，洗衣完成，排水灯熄灭。

报警：在洗衣过程中，水位超过高水位限位开关时开始报警，报警指示灯亮，洗涤电机停止转动，运行指示灯熄灭。

停止：按下停止按钮，立即结束流程，直到再次按下启动按钮，洗衣机正常工作。

四、实验设备和器材

GE RX3i 系统	1 套
PYS3 全自动洗衣机模块	1 个
网线	1 根
红、黄、蓝、黑连接导线	若干根
计算机	1 台

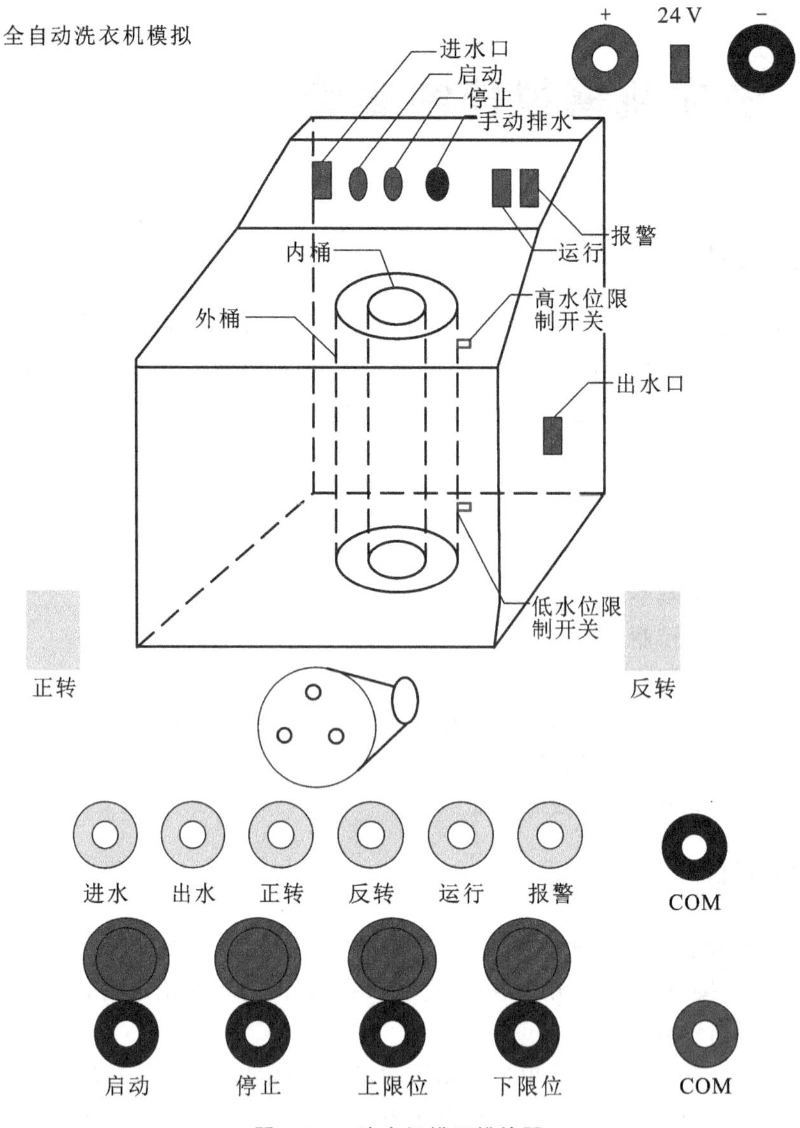

图 2-9-1　洗衣机模拟模块图

五、实验注意事项

(1) 实验开始前应先检查仪器设备是否完整、是否处于安全状态，认真熟悉操作流程，并严格遵守操作流程和安全制度。

(2) 实验前应认真预习实验指导书，明确实验目的、原理，掌握实验内容、方法和步骤。

(3) 输入端、输出端、电源、接地线分别用蓝线、黄线、红线、黑线，各个模块需要供电才能正常工作。在确认接线正确的情况下接通电源。

(4) 设备在移动、接线时，务必切断电源后再进行相应操作。

(5) 发生突发情况时要立即按下红色急停按钮，以免造成不必要的损失。

(6) 实验完毕后，应清理仪器设备、工具及实验场地，经指导教师检查后方可离开实验室。

六、实验步骤

（1）熟悉洗衣机的工作原理。

（2）创建一个新工程，完成相应的硬件配置。

（3）完成以太网及 PAC 通信地址的设置，实现计算机与 PAC 的通信连接。

（4）进行 I/O 口的地址分配并填入表 2-9-1 中。

表 2-9-1　洗衣机模拟控制实验 I/O 地址分配表

输　　入		输　　出	
器件(触摸屏 M)	说明	器件	说明

（5）按照 I/O 地址分配表所对应的电气接口进行正确接线。

（6）编写 PAC 程序并下载程序，置 PAC 于运行状态，调试和运行程序，观察实际的运转情况。

（7）实验结束后，关闭电源，整理实验器材。

洗衣机模拟参考流程图如图 2-9-2 所示。

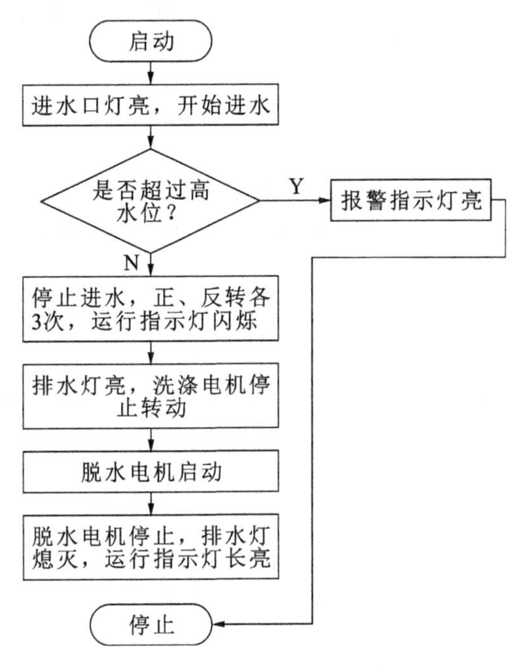

图 2-9-2　洗衣机模拟参考流程图

七、实验报告要求

（1）按格式完成实验报告。

（2）总结实验中遇到的问题及其解决方法。

（3）报告中应有运行调试后的洗衣机梯形图及程序流程图。

思考：

（1）怎么用触摸屏实现洗衣机模块的功能？

（2）当前的洗衣机是否达到理想的工作状态，有没有更好的控制方法使洗衣机更加稳定地工作？

项目 10
机械手搬运模拟实验

一、实验概述

机械手控制系统主要由类似人的手和臂组成，它可代替人的繁重劳动以实现生产的机械化和自动化，能在有害环境下操作以保护人身安全，因而广泛应用于机械制造、冶金、电子、轻工和原子能等领域。

机械手控制系统的种类是根据硬件的不同而加以分类的，主要有斜臂、横走，按驱动方式可分为气动、变频、伺服。每个大类又有数个小种，不同的小种又因不同的动作程序而不同。

机械手的应用是现代工业自动化发展的重要一步，大大节约了人力、物力，也是我们以后工作中可能遇到的重要的工业设备，了解其工作原理及控制方法是十分必要的。

二、实验目的

(1) 了解机械手工作的基本原理。
(2) 用 PAC 实现对机械手的模拟。
(3) 熟悉并学会使用 GE RX3i 系统。
(4) 加深对 Proficy Machine Edition 编程软件的理解，初步掌握该编程软件的使用方法。
(5) 学习基本的指令，会编写简单的程序。
(6) 能实现触摸屏界面的开发和设计。

三、实验原理

使用 Proficy ME 进行 PAC 编程，使机械手完成以下操作流程。

复位：把 PAC 调至 RUN，按下 SQ2 和 SQ4，手动使机械手回到原点(左移到位)，气爪张开。

启动：按下启动按钮，机械手下降，按下 SQ1，下端传感器到位，气爪抓紧，机械手上升；当触碰到 SQ2 时，上升到位，机械手右移；当触碰到 SQ3 时，右移到位，机械手下降；当触碰到 SQ1 时，下降到位，气爪张开，放下工件，机械手上升；当触碰到 SQ2 时，上升到位，机械手左移缩回；当触碰到 SQ4 时，到达原点，一次工件搬运完成。循环上述动作。

停止：按下停止按钮，结束流程。

机械手搬运模拟模块示意图如图 2-10-1 所示。

四、实验设备和器材

GE RX3i 系统	1 套
PYS3 机械手模拟模块	1 个
网线	1 根

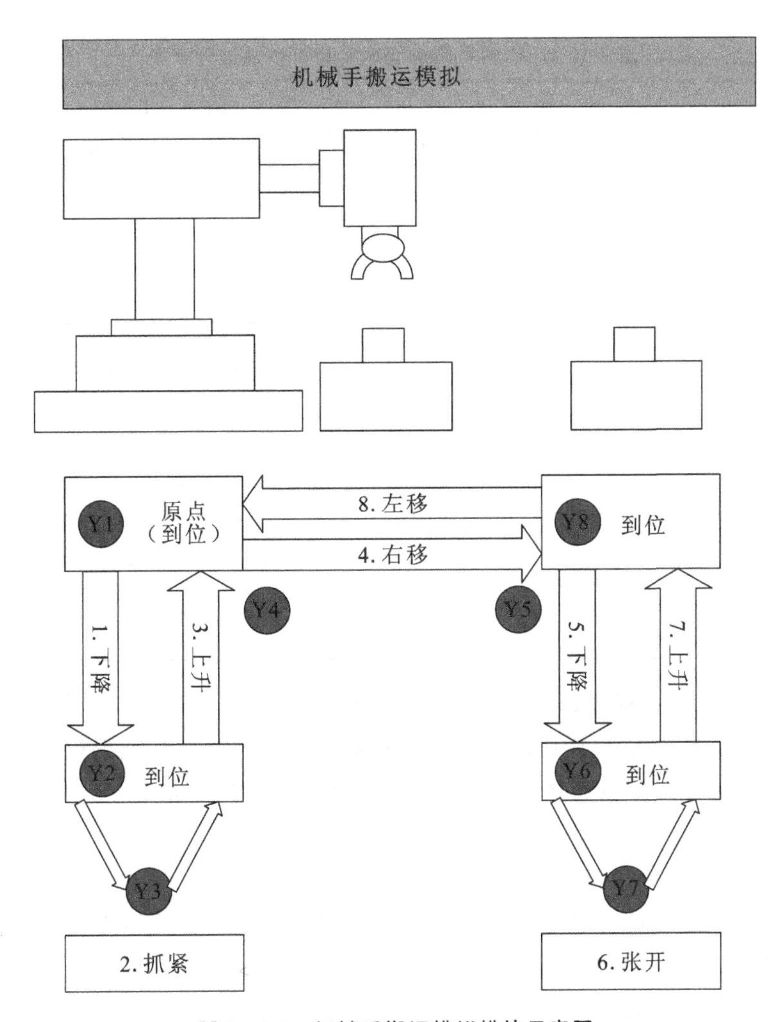

图 2-10-1 机械手搬运模拟模块示意图

红、黄、蓝、黑连接导线	若干根
计算机	1 台

五、实验注意事项

(1) 实验开始前应先检查仪器设备是否完整、是否处于安全状态，认真熟悉操作规程，并严格遵守操作规程和安全环保制度，服从指导教师的指导。

(2) 确保硬件组态的各个模块和 RX3i 系统相匹配，且位置无误，使模块的输入/输出接口正确连接，并为各个模块供电。

(3) 要使 PAC 程序、RX3i 系统和 HMI 三者之间的网络成功连接，正确配置 HMI 和 PAC 之间交换数据所使用的变量。

六、实验步骤

(1) 建立一个新工程，并进行硬件配置和完成相关网络的连接通信。

(2) 根据实际情况，完成 I/O 地址分配，如表 2-10-1 所示。

表 2-10-1　机械手搬运模拟实验 I/O 地址分配表

输　入		输　出	
器件(触摸屏)	说明	器件	说明

(3) 输入编写的 PAC 程序,并检查以保证正确。

(4) 根据 I/O 地址分配表及 PAC 程序,创建触摸屏,进行人机界面编程。

(5) 按照 I/O 地址分配表连接 PAC 的 INPUT 和 OUTPUT 的各个接点,完成电气接口的接线工作。

(6) 连接结束后启动电源开关,上传、下载程序。

(7) 置 PAC 于运行状态,调试和运行程序,观察并记录实际运转情况。

(8) 实验结束后,关闭电源,整理实验器材。

七、实验报告要求

(1) 按学校报告纸的格式完成实验报告。

(2) 整理输入/输出表,画出机械手搬运模拟实验的程序流程图。

(3) 画出 PAC 控制机械手搬运模拟的电气接口图。

(4) 写出控制程序。

思考:

(1) 试用其他方法设计控制机械手搬运的程序。

(2) 整理实验过程中出现的问题,并分析其原因。

附录 A　GE PAC RX3i 系统部分硬件基本情况表

附表 A-1 至附表 A-6 为 GE PAC RX3i 系统部分硬件基本情况表。

附表 A-1　常用交、直流电源模块基本情况表

模块	IC695PSA040	IC695PSD040
模块功能	通用底板电源	通用底板电源
模块在背板上所占槽数	2	1
电源	100～240VAC 或 125VAC	24VDC
是否支持冗余和增加的容量	不支持	不支持
输出源	总功率 40 W 3.3VDC 时最大 30 W 5VDC 时最大 30 W 24VDC 时 40 W 继电器，无 24VDC 隔离电源可用	总功率 40 W 3.3VDC 时最大 30 W 5VDC 时最大 30 W 24VDC 时 40 W 继电器，无 24VDC 隔离电源可用
支持冗余电源数量	N/A	N/A

附表 A-2　常用 CPU 模块基本情况表

模块	IC695CPU310	IC695CPU315
模块类型	冗余控制器	控制器
用户逻辑内存	10 MB	20 MB
处理速度	300 MHz	1 GHz
内存类型	闪存存储器	闪存存储器
现场总线	以太网	以太网
支持的程序语言	LD、STL、C、SFC	LD、STL、C、SFC
模块在底板上占用的槽数	2	2
I/O 离散点	32K	32K
I/O 模拟点	32K	32K

附表 A-3　常用模拟量输出模块基本情况表

模块	IC695ALG704	IC695ALG708	IC695ALG728	IC695ALG808
通道数	4	8	8	8
通道是否孤立	否	否	否	否
配置电流	0～20Ma 4～20 mA	0～20Ma 4～20 mA	0～20Ma 4～20 mA	0～20Ma 4～20 mA
配置电压	±10 V 0～10 V	±10 V 0～10 V	±10 V 0～10 V	±10 V 0～10 V
分辨率	16 位	16 位	16 位	16 位

附表 A-4　常用模拟量输入模块基本情况表

模块	IC695ALG616	IC695ALG608	IC695ALG600
模块类型	模拟量输入	模拟量输入	通用模拟量输入
背板支持	仅限通用背板，使用 PCI 总线	仅限通用背板，使用 PCI 总线	仅限通用背板，使用 PCI 总线
在背板上所占槽口数	1	1	1
通道间隔离	一组，每组 16 个	一组，每组 8 个	两组，每组 4 个
通道数	16	8	8
分辨率	12 至 16 位，视配置的范围以及 A/D 滤波器的频率而定	12 至 18 位，视配置的范围以及 A/D 滤波器的频率而定	11 至 18 位，视配置的范围以及 A/D 滤波器的频率而定

附表 A-5　常用输入模拟器和离散输入模块基本情况表

模块	IC694ACC300	IC694MDL230	IC694MDL231	IC694MDL240
模块类型	输入模拟器	离散输入	离散输入	离散输入
背板支持	无背板支持限制	无背板支持限制	无背板支持限制	无背板支持限制
在底板上所占槽数	1	1	1	1
输入电压	N/A	0～132VAC	0～264VAC	0～132VAC
输入电流	N/A	14.5 mA	15 mA	12 mA
点数	16	8	8	16
响应时间/ms	20 开/30 关	30 开/45 关	30 开/45 关	30 开/45 关
触发电压	N/A	74～132VAC	148～264VAC	74～132VAC
使用的内部电源	120mA@5VDC	60mA@5VDC	60mA@5VDC	90mA@5VDC

附表 A-6　常用离散输出模块基本情况表

模块	IC694MDL350	IC694MDL350	IC694MDL350	IC694MDL350
模块类型	离散输出	离散输出	离散输出	离散输出
背板支持	无背板支持	无背板支持	无背板支持	无背板支持
模块在底板上所占用的槽数	1	1	1	1
输出电压	74～264VAC	12～24VAC	11～150VAC	11～24VAC
点数	16	8	6	16
响应时间/ms	1 开 1/2 周期	2 开/2 关	7 开/5 关	2 开/2 关
输出类型	触发三极管	晶体管	晶体管	晶体管
极性	N/A	正	正/负	正
使用的内部电源	110mA@5VDC	50mA@5VDC	90mA@5VDC	110mA@5VDC

附录 B　电器的文字符号和图形符号

1. 电器的文字符号

电器的文字符号目前执行国家标准《电气技术中的项目代号》和《电气技术中的文字符号制定通则》。这两个标准都是根据 IEC 国际标准而制定的。

在《电气技术中的文字符号制定通则》中将所有的电气设备、装置和元件分成 23 个大类，每个大类用一个大写字母表示。文字符号分为基本文字符号和辅助文字符号。

基本文字符号分为单字母符号和双字母符号两种。

单字母符号应优先采用，每个单字母符号表示一个电器大类，如 C 表示电容器类、R 表示电阻器类等。

双字母符号由一个表示种类的单字母符号和另一个字母组成，第一个字母表示电器的大类,第二个字母表示对某电器大类的进一步划分。例如,G 表示电源大类,GB 表示蓄电池,S 表示控制电路开关,SB 表示按钮,SP 表示压力传感器(继电器)。

文字符号用于标明电器的名称、功能、状态和特征。同一电器如果功能不同,其文字符号也不同,例如照明灯的文字符号为 EL,信号灯的文字符号为 HL。

辅助文字符号表示电气设备、装置和元件的功能、状态和特征,由 1～3 位英文名称缩写的大写字母表示,例如辅助文字符号 BW(backward 的缩写)表示向后,P(pressure 的缩写)表示压力。辅助文字符号可以和单字母符号组合成双字母符号,例如:单字母符号 K(表示继电器接触器大类)和辅助文字符号 AC(交流)组合成双字母符号 KA,表示交流继电器;单字母符号 M(表示电动机大类)和辅助文字符号 SYN(同步)组合成双字母符号 MS,表示同步电动机。辅助文字符号可以单独使用。

2. 电器的图形符号

电器的图形符号目前执行国家标准,其根据 IEC 国际标准制定。该标准给出了大量的常用电器图形符号,表示产品特征。通常用比较简单的电器作为一般符号。对于一些组合电器,不必考虑其内部细节时可用方框符号表示,如整流器、逆变器、滤波器等。

国家标准《电气图用图形符号》的一个显著特点就是图形符号可以根据需要进行组合,该标准除了提供了大量的一般符号之外,还提供了大量的限定符号和符号要素,限定符号和符号要素不能单独使用,它相当于一般符号的配件。将某些限定符号或符号要素与一般符号进行组合就可组成各种电气图形符号,例如附图 B-1 所示的断路器的图形符号就是由多种限定符号、符号要素和一般符号组合而成的。

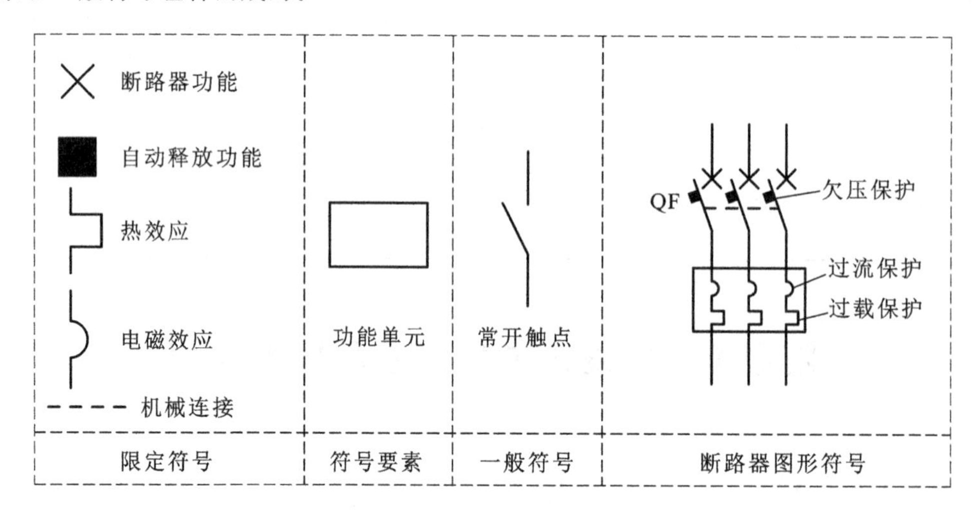

附图 B-1　断路器图形符号的组成

附表 B-1 所示为常用电器分类及图形符号、文字符号举例。

附表 B-1　常用电器分类及图形符号、文字符号举例

分　类	名　称	图形符号 文字符号
A 组件 部件	启动装置	A SB1 SB2 KM KM HL
B 将电量变换成非电量，将非电量变换成电量	扬声器	B （将电量变换成非电量）
	传声器	B （将非电量变换成电量）
C 电容器	一般电容器	C
	极性电容器	+ C
	可变电容器	C
D 二进制元件	与门	D &
	或门	D ≥1
	非门	D
E 其他	照明灯	EL
F 保护器件	欠电流继电器	I< FA
	过电流继电器	I> FA

分　类	名　称	图形符号 文字符号
F 保护器件	欠电压继电器	U< FV
	过电压继电器	U> FV
	热继电器	FR FR FR FR FR
	熔断器	FU
G 发生器、发电机、电源	交流发电机	G ～
	直流发电机	G —
	电池	GB − +
H 信号器件	电喇叭	HA
	蜂鸣器	HA HA 优选型 一般型
	信号灯	HL
I		（不使用）
J		（不使用）

续表

分类	名称	图形符号 文字符号
K 继电器、接触器	中间继电器	KA KA
	通用继电器	KA KA
	接触器	KM KM
	通电延时型时间继电器	KT 或 KT KT KT 或 KT KT
	断电延时型时间继电器	KT 或 KT KT KT 或 KT KT
L 电器感、电抗器	电感器	L （一般符号） L （带磁芯符号）
	可变电感器	L
	电抗器	L
M 电动机	鼠笼型电动机	U V W M 3~
	绕线型电动机	U V W M 3~
	他励直流电动机	M

分类	名称	图形符号 文字符号
M 电动机	并励直流电动机	M
	串励直流电动机	M
	三相步进电动机	M
	永磁直流电动机	M
N 模拟元件	运算放大器	▷ ∞ − + + N
	反相放大器	N ▷ 1 + −
	数-模转换器	#/U N
	模-数转换器	U/# N
O		（不使用）
P 测量设备、试验设备	电流表	PA A
	电压表	PV V

续表

分　类	名　称	图形符号 文字符号	分　类	名　称	图形符号 文字符号
P 测量设备、试验设备	有功功率表	KW PW	S 控制、记忆、信号电路开关器件选择器	行程开关	SQ
	有功电度表	KWh PJ		压力继电器	P SP
Q 电力电路的开关器件	断路器	QF		液位继电器	SL SL SL SL
	隔离开关	QS		速度继电器	SV SV SV
	刀熔开关	QS		选择开关	SA
	手动开关	QS QS		接近开关	SQ
	双投刀开关	QS		万能转换开关、凸轮控制器	SA 2 1 0 1 2 1 2 3 4
	组合开关 旋转开关	QS	T 变压器互感器	单相变压器	T
	负荷开关	QL		自耦变压器	T 形式1　形式2
R 电阻器	电阻	R		三相变压器（星形/三角形接线）	T 形式1形式2
	固定抽头电阻	R		电压互感器	电压互感器与变压器图形符号相同，文字符号为TV
	可变电阻	R		电流互感器	TA 形式1 形式2
	电位器	RP	U 调制器变换器	整流器	U
	频敏变阻器	RF		桥式全波整流器	U
S 控制、记忆、信号电路开关器件选择器	按钮	SB		逆变器	U
	急停按钮	SB		变频器	f1 f2 U

续表

分类	名称	图形符号 文字符号	分类	名称	图形符号 文字符号
V 电子管 晶体管	二极管	V	Y 电器操作的机械器件	电磁铁	或 YA
	三极管	V V PNP型 NPN型		电磁吸盘	或 YH
	晶闸管	V V 阳极侧受控 阴极侧受控		电磁制动器	YB M
W 传输通道、波导、天线	导线、电缆、母线	W		电磁阀	或 或 YV
	天线	W	Z 滤波器、限幅器、均衡器、终端设备	滤波器	Z
X 端子、插头、插座	插头	XP 优选型 其他型		限幅器	Z
	插座	XS 优选型 其他型		均衡器	Z
	插头插座	X 优选型 其他型			
	连接片	断开时 XB 接通时			

附录 C GE PAC 常用指令

（一）继电器指令

1．继电器触点

常用继电器触点包含常开、常闭、上升沿、下降沿等常用触点，如附表 C-1 所示。

附表 C-1 常用继电器触点

触点类型	表示符号	触点向右传送能流条件	可用操作数
常开触点	—| |—	当参考变量为 ON 时	在 I、Q、M、T、S、SA、SB、SC 和 G 存储器中的变量
常闭触点	—|/|—	当参考变量为 OFF 时	
上升沿触点	—|↑|— —|N|—	当参考变量从 OFF 转为 ON 时	在 I、Q、M、T、S、SA、SB、SC 和 G 存储器中的变量、符号离散变量
下降沿触点	—|↓|— —|P|—	当参考变量从 ON 转为 OFF 时	
故障触点	—|F|—	当变量有一个点有故障时	在%I、%Q、%AI 和%AQ 存储器中的变量，以及预先确定的故障定位基准地址
无故障触点	—|NF|—	当变量没有一个点有故障时	
低报警标志触点	—|LA|—	当与之相连的模拟（word）输入的低位报警位置为 ON 时	在 AI 和 AQ 存储器中的变量
高报警标志触点	—|HA|—	当与之相连的模拟（word）输入的高位报警位置为 ON 时	
延续触点	—|+|—	当前面的顺延线圈为 ON 时	无

(二)线圈指令

常用线圈指令如附表 C-2 所示。

附表 C-2 常用线圈指令

触点类型	表示符号	描述	可用操作数
常开线圈	—( )—	当接收到能流时,线圈得电、掉电不保持	Q、M、T、SA、SB、SC 和 G,符号离散型变量,字导向存储器(%AI 除外)中字里的位基准
常闭线圈	—(/)—	当没接收到能流时,线圈得电、掉电不保持	
置位线圈	—(S)—	当接收到能流时,线圈置位,直到用复位线圈复位	
复位线圈	—(R)—	当接收到能流时,线圈复位,直到用置位线圈置位	
正跳变线圈	—(↑)— —(N)—	当线圈接收一个上升沿时,线圈得电	
负跳变线圈	—(↓)— —(P)—	当线圈接收一个下降沿时,线圈得电	
顺沿线圈	—(+)—	使 PAC 在下一级的顺延触点上延续	无

(三)定时器与计数器

1. 定时器

常用定时器情况表如附表 C-3 所示。

附表 C-3　常用定时器情况表

功　能　块	助　记　符	分　辨　率	描　　述
接通延时定时器	TMR_SEC	S	使能端接收能流开始计时，能流停止时重设为 0
	TMR_TENTHS	0.1S	
	TMR_HUNDS	0.01S	
	TMR_THOUS	0.001S	
保持型接通延时定时器	ONDTR_SEC	S	使能端接收能流开始计时，能流停止时保持其值
	ONDTR_TENTHS	0.1S	
	ONDTR_HUNDS	0.01S	
	ONDTR_THOUS	0.001S	
断开延时定时器	OFDT_SEC	S	当使能端接收能流定时器的当前值重设为"0"，当无能流继续计时，当当前值达到预设值时，停止计数并使输出使能端断开
	OFDT_TENTHS	0.1S	
	OFDT_HUNDS	0.01S	
	OFDT_THOUS	0.001S	

定时器梯形图如附图 C-1 至附图 C-3 所示。

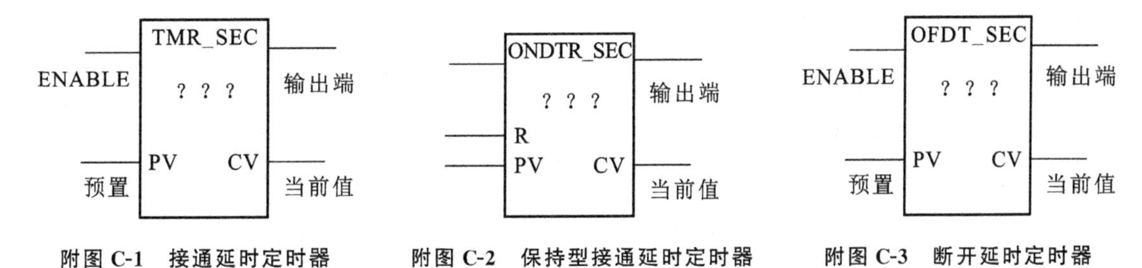

附图 C-1　接通延时定时器　　附图 C-2　保持型接通延时定时器　　附图 C-3　断开延时定时器

2. 计数器

常用计数器如附表 C-4 所示。

附表 C-4　常用计数器

功　能　块	助　记　符	描　　述
增法计数器	UPCTR	计数直到预定值，输出接通
减法计数器	DNCTR	从预定值减记数到"0"，输出接通

计数器的梯形图如附图 C-4 和附图 C-5 所示。

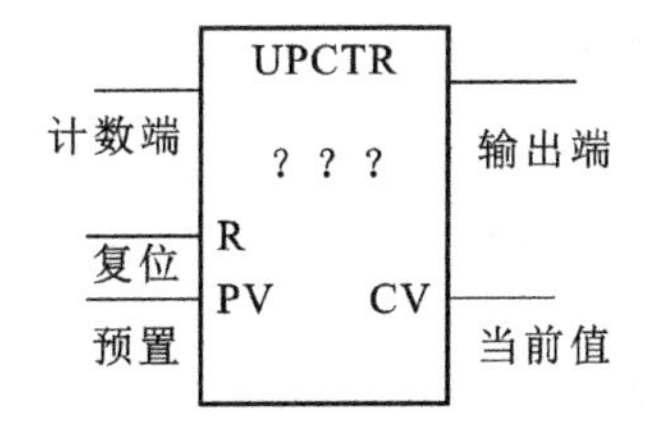

附图 C-4　加法计数器

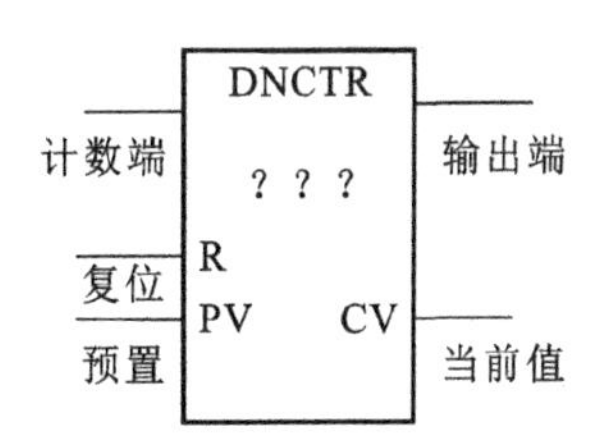

附图 C-5　减法计数器

(四)数据转换指令

数据类型转换函数将数据项目的数据格式(数据类型)转变为另一种数据格式(数据类型)。常用数据转换指令如附表 C-5 所示。

附表 C-5 常用数据转换指令

功　能	助　记　符	描　述
转换模拟量	DEG_TO_RAD	把角度转换为弧度
	RAD_TO_DEG	把弧度转换为角度
UINT to BCD4	UINT_TO_BCD4	把 16 位无符号整数转换为 BCD4
UINT to INT	UINT_TO_INT	把 UINT 转换为 INT
UINT to DINT	UINT_TO_DINT	把 UINT 转换为 DINT
UINT to REAL	UINT_TO_REAL	把 UINT 转换为 REAL
INT to BCD4	INT_TO_BCD4	把 16 位带符号整数转换为 BCD4
INT to UINT	INT_TO_UINT	把 INT 转换为 UINT
INT to DINT	INT_TO_DINT	把 INT 转换为 DINT
INT to REAL	INT_TO_REAL	把 INT 转换为 REAL
DINT to BCD8	DINT_TO_BCD8	把 32 位带符号整数转换为 BCD8
DINT to INT	DINT_TO_INT	把 DINT 转换为带符号整数
DINT to UINT	DINT_TO_UINT	把 DINT 转换为无符号整数
DINT to REAL	DINT_TO_REAL	把 DINT 转换为 REAL
BCD4 to INT	BCD4_TO_INT	把 BCD4 转换为 16 位带符号整数
BCD4 to UINT	BCD4_TO_UINT	把 BCD4 转换为 16 位无符号整数
BCD4 to REAL	BCD4_TO_REAL	把 BCD4 转换为 REAL
BCD8 to REAL	BCD8_TO_REAL	把 BCD8 转换为 REAL
REAL to DINT	REAL_TO_DINT	把 32 位带符号的实数或浮点数转换为 DINT
REAL to INT	REAL_TO_INT	把 REAL 转换为 INT
REAL to WORD	REAL_TO_WORD	把 REAL 转换为 WORD
REAL to UINT	REAL_TO_UINT	把 REAL 转换为 UINT
舍位	TRUNC_DINT	把一个 REAL 的小数部分直接舍去,保留整数部分,将其转换为 DINT
	TRUNC_INT	把一个 REAL 的小数部分直接舍去,保留整数部分,将其转换为 INT

（五）基本关系功能块指令

常用基本关系功能块指令如附表 C-6 所示。

附表 C-6　常用基本关系功能块指令

功　能	助 记 符	描　述
比较	CMP_DINT	比较 IN1 和 IN2，助记符指定数据类型
	CMP_INT	IN1 < IN2，LT 输出打开
	CMP_REAL	IN1 = IN2，EQ 输出打开
	CMP_UINT	IN1 > IN2，GT 输出打开
等于	EQ_DINT	检验两个数是否相等
	EQ_INT	
	EQ_REAL	
	EQ_UINT	
大于或等于	GE_DINT	检验一个数是否大于或等于另一个数
	GE_INT	
	GE_REAL	
	GE_UINT	
大于	GT_DINT	检验一个数是否大于另一个数
	GT_INT	
	GT_REAL	
	GT_UINT	
小于或等于	LE_DINT	检验一个数是否小于或等于另一个数
	LE_INT	
	LE_REAL	
	LE_UINT	
小于	LT_DINT	检验一个数是否小于另一个数
	LT_INT	
	LT_REAL	
	LT_UINT	
不等于	NE_DINT	检验两个数是否不等
	NE_INT	
	NE_REAL	
	NE_UINT	
范围	RANGE_DINT	检验一个数是否在另两个数给定的范围内
	RANGE_INT	
	RANGE_REAL	
	RANGE_UINT	
	RANGE_WORD	

(六) 数学运算指令

常用数学运算指令如附表 C-7 所示。

附表 C-7　常用数学运算指令

功　能	助　记　符	描　述
绝对值	ABS_INT	求一个双精度整数、单精度整数或浮点数的绝对值
	ABS_DINT	
	ABS_REAL	
加	ADD_INT	将两个数相加,Q=IN1+IN2
	ADD_DINT	
	ADD_REAL	
	ADD_UINT	
减	SUB_INT	将两个数相减,Q=IN1−IN2
	SUB_DINT	
	SUB_REAL	
	SUB_UINT	
乘	MUL_INT	将两个数相乘,Q=IN1 * IN2
	MUL_DINT	
	MUL_REAL	
	MUL_UINT	
	MUL_MIXED	Q(32bit)=IN1(16bit) * IN2(16bit)
除	DIV_INT	将两个数相除,Q=IN1/IN2
	DIV_DINT	
	DIV_REAL	
	DIV_UINT	
	DIV_MIXED	Q(16bit)=IN1(32bit)/IN2(32bit)
模数	MOD_DINT	将两个数相除,Q=IN1/IN2,输出余数
	MOD_INT	
	MOD_UINT	
比例	SCALE	把输入参数按比例放大或缩小,结果输出

（七）位操作功能指令

常用位操作功能指令如附表 C-8 所示。

附表 C-8 常用位操作功能指令

功能	助记符	描述
位位置	BIT_POS_DWORD BIT_POS_WORD	位位置。在位串里找出一个被置 1 的位
位排序	BIT_SEQ	位排序。排好一个位串值，起始于 ST。通过一个位数组操作一个位序移位。容许最大长度 256 字
位置位	BIT_SEQ_DWORD BIT_SEQ_WORD	位置位。把位串中的一个位置 1
位清除	BIT_CLR_DWORD BIT_CLR_WORD	位清除。通过把位串里的一个位置 0 清除该位
位测试	BIT_TEST_DWORD BIT_TEST_WORD	位测试。测试位串里的一个位，测定该位当前是 1 或 0
逻辑“与”	AND_DWORD AND_WORD	逐位比较位串 IN1 和 IN2。当相应的一对位都是 1 时，在输出位串 Q 相应位里放 1；否则，在输出位串 Q 相应位里放 0
逻辑取反	NOT_DWORD NOT_WORD	逻辑取反。把输出位串 Q 每个位的状态置成与位串 IN1 每个相对应位取反的状态
逻辑“或”	OR_DWORD OR_WORD	逐位比较位串 IN1 和 IN2。当相应的一对位都是 0 时，在输出位串 Q 相应位里放 0；否则，在输出位串 Q 相应位里放 1
逻辑“异或”	XOR_DWORD XOR_WORD	逐位比较位串 IN1 和 IN2。当相应的一对位不同时，在输出位串 Q 相应位里放 1；否则，当相应的一对位不同时，在输出位串 Q 相应位里放 0
屏蔽比较	MASK_COMP_DWORD MASK_COMP_WORD	屏蔽比较。用屏蔽选择位的能力比较两个单独的位串
位循环	ROL_DWORD ROL_WORD	左循环。一个固定位数的位串里的位循环左移
	ROR_DWORD ROR_WORD	右循环。一个固定位数的位串里的位循环右移
位移动	SHIFTL_DWORD SHIFTL_WORD	左移位。一个固定位数的位串里的位左移
	SHIFTR_DWORD SHIFTR_WORD	右移位。一个固定位数的位串里的位右移

(八)高等数学函数指令

常用高等数学函数指令如附表 C-9 所示。

附表 C-9　常用高等数学函数指令

函　　数	助 记 符	描　　述
指数	EXP	计算 e^{IN},IN 为操作数
	EXPT	计算 $IN1^{IN2}$
反三角函数	ACOS	计算 IN 操作数的反余弦,以弧度形式变大结果
	ASIN	计算 IN 操作数的反正弦,以弧度形式变大结果
	ATAN	计算 IN 操作数的反正切,以弧度形式变大结果
对数	LN	计算 IN 操作数的自然对数
	LOG	计算 IN 操作数的以 10 为底的对数
平方根	SQRE_DINT	计算操作数 IN 的平方根,一个双精度整数。结果的双精度整数部分存到 Q 中
	SQRE_INT	计算操作数 IN 的平方根,一个单精度整数。结果的单精度整数部分存到 Q 中
	SQRE_REAL	计算操作数 IN 的平方根,一个实数。实数结果存到 Q 中
三角函数	COS	计算操作数 IN 的余弦,IN 以弧度表示
	SIN	计算操作数 IN 的正弦,IN 以弧度表示
	TAN	计算操作数 IN 的正切,IN 以弧度表示

(九)数据传送指令

常用数据传送指令如附表 C-10 所示。

附表 C-10　常用数据传送指令

功　　能	助 记 符	描　　述
块清零	BLOK_CLR_WORD	用零替换一个块中所有的数据的值
块传送	BLKMOV_DINT BLKMOV_DWORD BLKMOV_INT BLKMOV_REAL BLKMOV_UINT BLKMOV_WORD	复制一个有七个常量的块到一个指定的存储单元中

续表

通信请求	COMM_REQ	允许程序跟一个智能化模块,例如一个 Genius 总线控制器或是一个高速计数器之间进行通信
数据初始化	DATA_INIT_DINT DATA_INIT_DWORD DATA_INIT_INT DATA_INIT_REAL DATA_INIT_UINT DATA_INIT_WORD	复制一个常量数据块到一个给定范围。数据类型由助记符指定
数据 ASCII 码初始化	DATA_INIT_ASCII	复制一个常量 ASCII 码文本块到一个给定范围
数据 DLAN 初始化	DATA_INIT_DLAN	和 DLAN 接口模块一块使用
数据通信请求初始化	DATA_INIT_COMM	用一个常量数据模块初始化一个 COMM_REQ 功能块。数据应该与 COMM_REQ 功能块中所有命令相同
传送数据	MOVE_BOOL MOVE_DINT MOVE_DWORD MOVE_INT MOVE_REAL MOVE_UINT MOVE_WORD	作为特殊的数据复制,新的存储单元不需要有相同的数据类型。数据能够被传送到一个不同的数据中,而不需要预先转换
移位寄存器	SHFR_BIT SHFR_DWORD SHFR_WORD	从一个存储单元中移一个或多个数据位、数据字或者数据双字到一个指定存储区域。该区域中原有的数据被移除
交换	SWAP_DWORD SWAP_WORD	交换一个字数据的两个字节或一个双字数据的两个字
总线读取	BUS_RD_BYTE BUS_RD_DWORD BUS_RD_WORD	从 VME 板中读取数据
总线读取修改	BUS_RMW_BYTE BUS_RMW_DWORD BUS_RMW_WORD	使用 VME 总线中的读/修改/写入周期更新一个数据元素
总线测试和设置	BUS_TS_BYTE BUS_TS_WORD	处理 VME 总线上的信号量
写总线	BUS_WRT_BYTE BUS_WRT_DWORD BUS_WRT_WORD	写数据到 VME 板中